공부보다 먼저,
부모가 가르쳐야 할 것

공부보다 먼저, 부모가 가르쳐야 할 것

· 자존감과 열정을 키우는 부모의 눈빛 ·

이상덕 지음

좋은땅

아이를 잘 키운다는 것은 단순히 성적을 올리거나 공부를 잘하게 만드는 것을 넘어, 한 사람의 인격을 기르고, 삶을 대하는 태도를 형성하는 일입니다. 자녀 교육은 시험 점수나 입시 결과로만 판단할 수 없는, 더 깊고 넓은 책임이자 사랑의 실천입니다.

이 책은 20년 넘게 교육 현장에서 학부모와 학생들을 만나며 쌓아 온 소중한 경험과 통찰을 바탕으로 완성되었습니다.

수많은 아이들과 부모들을 지켜보며, 부모는 과연 자녀를 어떻게 바라보아야 하는지, 그리고 어떤 방향으로 이끌어 주는 것이 진정한 교육인지 오랜 시간 고민하고 실천해 온 결실이 담겨 있습니다.

책 속에는 공부법과 습관 형성, 정서 관리, 자존감 회복, 인성 교육과 감정 코칭, 창의력과 실패의 의미, 인문학과 예술의 감수성, 그리고 부모의 한마디와 눈빛이 아이에게 어떤 영향을 미치는지에 대한 이야기들이 실려 있습니다.

지식의 전달이 아닌 지혜의 방향성, 정답을 가르치는 것이 아니라 길을 비춰 주는 안내자로서의 부모 역할을 되새기게 하는 이야기들입니다.

총 70가지의 짧고 깊은 이야기들을 통해, 부모는 아이를 더 잘 이해하게 되고, 아이 역시 부모를 통해 더 따뜻하고 단단한 세계를 만나게 될 것입니다.

이 책이 여러분에게 감동과 실천을 이끄는 부모 교육의 길잡이가 되기를, 그리고 무엇보다 한 아이의 삶을 사랑으로 안내하는 여정에 든든한 동반자가 되기를 바랍니다.

※ 본 장에 등장하는 인물의 사례는 공개적으로 알려진 내용을 바탕으로, 교육적 관점에서 재구성한 것이며 특정 인터뷰나 저작물을 그대로 옮기지 않았습니다.

목차

습관이 만드는 공부력

Ⅰ. 교육 철학과 사례

Ⅱ. 공부를 위한 습관과 환경

III. 자율성과 표현

IV. 다중지능과 미래 대비

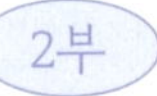

감성과 예술로 자존감을 키운다

I. 감성지능과 자존감

II. 음악과 예술의 교육적 역할

III. 태도와 인성의 기초 다지기

부모라는 이름의 역할

Ⅰ. 부모의 내면과 자각

Ⅱ. 부모의 실천적 태도

Ⅲ. 관계와 언어

4부

부모도 아이와 함께 자란다

I. 가치관과 내면 성찰

II. 성장과 회복의 자세

아이의 본질을 이해하는 것에서 시작된다

1부

습관이 만드는 공부력

Ⅰ. 교육 철학과 사례

01장 천재들의 공통점, 습관에서 찾다

천재는 타고나는 것이 아니라 호기심과 몰입에서 자랍니다. 《네이처(Nature)》가 선정한 세계의 천재들—레오나르도 다빈치, 아인슈타인, 모차르트, 셰익스피어, 미켈란젤로—모두 공통적으로 좋아하는 일에 깊이 빠져든 사람들이었습니다. 그들의 비범함은 재능이 아니라, 끊임없이 궁금해하고 몰두하는 습관에서 비롯된 것입니다.

아이들이 그림을 그리고, 질문을 던지고, 새로운 것을 시도할 때 부모가 해야 할 일은 조용히 지켜봐 주는 것입니다. 비교하거나 성적으로 판단하기보다, 무엇에 흥미를 느끼는지, 얼마나 집중하는지를 살피는 것이 중요합니다. 부모가 그 호기심을 지지해 줄 때, 아이는 스스로 배우고 성장하며 창의적인 아이로 자라납니다.

그렇다면 부모가 기억해야 할 다섯 가지 습관은 무엇일까요?

1. 질문을 소중히 여기는 태도

아이의 엉뚱한 질문은 세상을 배우는 첫걸음입니다. "왜 하늘은 파래?"

라는 말에 정답을 바로 주기보다, 함께 생각해 보세요. 부모가 질문을 존중할 때, 아이는 스스로 탐구하고 생각하는 힘을 얻게 됩니다.

2. 책을 일상의 일부로 만들기

책은 세상을 여는 가장 가까운 문입니다. 집 안에 다양한 책을 두고, 아이와 함께 읽으며 이야기를 나누세요. 그 시간 속에서 책은 단순한 글이 아니라 상상력과 대화의 씨앗이 됩니다.

3. 실패를 허용하는 분위기

천재는 실수 속에서 자랍니다. "왜 틀렸어?" 대신 "어디서 막혔을까?"라고 물어보세요. 과정 중심의 대화는 아이에게 도전의 용기와 배움의 태도를 길러 줍니다.

4. 예술과 과학의 균형

창의력은 한쪽에만 있지 않습니다. 과학과 수학이 논리를 키운다면, 그림과 음악은 감성과 사고의 폭을 넓혀 줍니다. 두 영역을 함께 경험하게 해 주는 것이 아이의 두뇌와 마음을 함께 성장시킵니다.

5. 틀에 맞추기보다 마음에 맞추기

아이를 정해진 기준에 끼워 맞추기보다, 스스로 배우고 싶은 마음을 존중하세요. 공부는 강요가 아니라 흥미에서 시작됩니다. 부모의 역할은 길을 정해 주는 것이 아니라, 아이의 마음이 자랄 수 있는 여백을 주는 것입니다.

아이는 세상에 태어나는 순간부터 끊임없이 묻습니다. "왜?", "어떻게?", "이건 뭐야?" 이 짧은 질문들 속에는 세상을 배우고자 하는 자연스러운 호기심과 탐구심이 담겨 있습니다. 부모가 "좋은 질문이네. 우리 같이 알아볼까?"라고 대답할 때, 아이는 자신이 존중받고 있다는 걸 느끼고, 그 믿음이 아이의 생각하는 힘을 자라게 합니다.

도전과 실패의 순간에도 부모의 말 한마디는 결정적입니다. "왜 또 틀렸어?" 대신 "괜찮아, 어디서 막혔을까?"라고 물으면, 아이는 다시 시도할 용기를 얻습니다. 실패를 멈춤이 아니라 과정으로 이해하게 해 주는 부모의 시선이 아이를 단단하게 만듭니다. 그리고 아이가 무언가에 몰입한 순간 그림을 그리고, 조립을 하고, 이야기를 만드는 그 모습 앞에서 "그게 뭐가 도움이 되겠어?"라는 대신 "재미있어 보인다. 더 해 볼래?"라고 말해 주세요. 그 짧은 한 문장이 아이의 가능성을 현실로 바꾸는 힘이 됩니다.

공부보다 먼저, 부모가 가르쳐야 할 것

길 위에서 나눈 웃음소리, 낯선 풍경 앞에서 반짝이던 아이의 눈빛, 그리고 저녁 무렵의 짧은 대화들. 이 모든 순간이 아이의 마음에 평생 남는 배움이 됩니다. 가족 여행은 단순한 휴식이 아니라, 부모와 아이가 함께 자라는 시간입니다. 여행이 의미 있으려면 '목적'이 있어야 합니다. 계획 없이 정한 여행지는 금세 지루해지고, 단조로운 일정은 가족 모두에게 피로만 남깁니다. 아이는 어른보다 훨씬 섬세하게 분위기를 느끼기에, 여행의 시작부터 끝까지 아이의 흥미와 참여가 존중되는 경험으로 만들어야 합니다. 여행의 중심은 부모가 아니라 아이의 시선에 두어야 합니다. 함께 걷고, 묻고, 느끼는 과정에서 아이는 세상을 배우고, 부모는 아이의 마음을 이해하게 됩니다. 여행의 진짜 의미는 목적지에 있는 것이 아니라, 그 길 위에서 함께 웃고 배우는 순간들에 있습니다.

역사적인 장소를 여행지로 고르는 것은 아이에게 살아 있는 배움의 기회가 됩니다. 박물관이나 유적지, 문화재가 있는 곳은 아이가 책에서 배운 내용을 직접 눈으로 보고 손으로 느끼는 공간이기 때문입니다. 예를 들어 경주의 불국사나 첨성대, 안압지를 걸으며 신라 문화를 체험하면 지식이 단순한 암기가 아니라 경험을 통해 이해되는 배움으로 바뀝니다. 또한 DMZ 평화 관광처럼 시대의 아픔과 평화의 의미를 함께 느끼는 여정은 역사와 세대를 잇는 인성 교육의 시간이 됩니다. 부모가 여행지의 의미를 미리 알고 아이의 눈높이에 맞춰 이야기를 나누면, 여행은 단순한 이동이 아닌 생각이 자라는 시간이 됩니다. 그 경험은 시간이 흘러도 아이의 가치관 속에 남아 세상을 보는 힘이 되어 줍니다. 또한 자연 속 여행은 단순히 풍경을 보는 일이 아니라, 삶의 원리와 감수성을 배우는 시간입니다. 아이의 발끝이 흙을 밟고, 손끝이 나뭇잎을 스칠 때마다 자연은 조용히 생명의 이야기를 들려줍니다. 그 속에서 아이는 교실에서는 배울 수 없는 존중과 감성, 그리고 세상을 바라보는 시선을 키워 갑니다.

설악산의 숲길에서 만난 고목, 바위 틈의 풀꽃, 계곡물의 흐름까지. 이 모든 것이 아이에게는 살아 있는 교과서가 됩니다. 자연 속을 걷는 동안 아이는 관찰하고, 상상하며, 스스로 질문을 던집니다. 제주의 곶자왈처럼 복잡한 생태계를 체험하는 일은 자연의 질서와 균형을 몸으로 배우는 시간입니다. 부모가 굳이 모든 것을 설명하지 않아도, 아이는 자연 속에서 스스로 느끼고 깨닫습니다. 자연 속 여행은 단순한 야외 활동이 아니라 마음을 키우는 교육입니다. 나뭇잎을 주워 보거나, 흙의 감촉을 느끼고, 바위 위에서 하늘을 바라보는 짧은 순간들이 아이의 감성을 풍요롭게 만듭니다. 부모는 아이와 함께 걸으며 세상을 다시 배우고, 아이는 자연을 친구처럼 받아들이게 됩니다. 화려한 놀이나 장난감보다 오래 남는 것은 함께 걷던 발자국과 부모의 따뜻한 시선, 그리고 그때 들었던 바람 소리입니다. 이 모든 순간이 아이의 마음속에 지워지지 않는 배움의 기억으로 남습니다.

아이의 호기심은 단순한 궁금증이 아니라 세상을 이해하고 싶은 본능, 그리고 창의력의 씨앗입니다. 이 호기심을 살아 있는 배움으로 바꿔 주는

　　　　　　　　공부보다 먼저, 부모가 가르쳐야 할 것

가장 좋은 공간이 바로 과학관과 체험형 과학 센터입니다. 국립과학관이나 대전 엑스포 과학공원 같은 곳에서는 아이가 직접 버튼을 누르고, 장치를 작동시키며, 실험의 결과를 관찰합니다. 소리의 파형을 만들고, 빛의 굴절이나 전기의 흐름을 눈으로 보면서 아이는 단순한 관람객이 아닌 작은 과학자가 됩니다. 또한 천문대에서 별과 행성을 직접 관찰하는 경험은 책 속 지식을 현실로 바꾸는 순간이 됩니다. 이런 체험들은 어렵게 느껴지던 과학을 재미있고 생생한 경험으로 전환 시키며, 아이가 스스로 탐구하고 배우는 힘을 길러 줍니다. 과학과 문화는 교실 밖, 여행과 일상 속에서 살아 있는 배움으로 이어집니다. 부모가 아이의 "왜?"라는 질문에 귀 기울이고 함께 답을 찾아가는 순간, 진짜 교육이 시작됩니다. 과학관에서 뛰노는 아이는 단지 노는 것이 아니라, 세상을 이해할 도구를 익히는 중입니다. 또한 한옥마을이나 전통 시장 같은 곳은 시간을 건너는 배움의 공간이 됩니다. 기와지붕 아래의 부엌, 마루 위의 전통 놀이 속에서 아이는 "옛날 사람들은 왜 이렇게 살았을까?"를 스스로 묻습니다. 이 물음이 바로 사고력과 상상력의 씨앗입니다.

전통 공예나 농장 체험도 아이에게 소중한 경험이 됩니다. 도자기를 빚고 손수건을 염색하는 과정은 단순한 만들기가 아니라 창의와 노동의 가치를 배우는 시간입니다. 농장에서 씨앗을 심고 수확하는 일은 자연과 생명을 존중하는 마음을 길러 줍니다. 아이의 진짜 배움은 교과서 밖, 부모와 함께 걷고 보고 느끼는 순간들 속에 있습니다. 문화는 지식으로 배우는 것이 아니라 함께 경험할 때 마음에 남는 배움이 됩니다. 가족 여행의 시작은 비행기를 타는 순간이 아니라, 여행을 함께 준비하는 시간에서 시작됩니다. 그 과정에서 아이는 수동적인 동행자에서 능동적인 탐험가로 바뀌고, 상상력은 자라납니다.

여행 전, 아이와 함께 자료를 찾아보고 이야기를 나누는 것만으로도 충분합니다. 예를 들어 경주로 떠나기 전 석굴암이나 첨성대 사진을 함께 보고, 그 시대를 다룬 책이나 다큐멘터리를 보는 것은 아이의 호기심을 깨우는 좋은 방법입니다. 봉평으로 가기 전 「메밀꽃 필 무렵」을 함께 읽는다면, 책 속 풍경이 현실의 여행지와 이어지며 여행은 문학과 삶이 만나는 특별한 경험으로 바뀝니다. 부모가 아이와 함께 여행을 준비하고 기대를 나누는 시간은 가장 강력한 교육의 순간이 됩니다. 아이에게 여행의 주도권을 조금만 나누어 주면, 단순한 일정이 가족이 함께하는 탐험으로 바뀝니다. 지도 한 장, 간단한 퀴즈나 미션지만으로도 아이는 스스로 생각하고 탐구하며 여행을 자기만의 이야기로 만들어 갑니다.

예를 들어 "이곳에서 가장 오래된 건물은 뭘까?", "가장 기억에 남는 장면을 그림으로 남겨 보자" 같은 미션은 자연스럽게 아이의 관찰력, 창의력, 탐구심을 자극합니다. 여행 중에는 일기장이나 그림일기, 카메라 같은 기록 도구를 챙겨 주세요. 그 속에 담긴 글과 사진은 훗날 아이에게 반짝이는 기억의 보물이 됩니다. 여행 후 가족이 함께 앨범을 만들거나 이야기를 나누면, 그 경험은 단순한 기록을 넘어 감정을 나누는 대화의 시간이 됩니다.

이 모든 준비를 번거로운 일이 아니라, 아이가 자기 삶의 주인으로 성장하는 작은 훈련으로 생각해 주세요. 스스로 알고, 느끼고, 표현하는 과정을 통해 여행은 단순한 일정이 아닌 자기만의 배움의 여정이 됩니다. 결국 가족 여행의 진짜 의미는 떠나는 데 있지 않습니다. 즐거움 속에 배움과 성장을 담는 것, 그것이 진정한 여행의 핵심입니다. 부모가 조금만 더 고민하고 준비한다면, 그 길 위에서 아이는 배우고, 부모는 함께 성장하게 됩니다. 그 경험이야말로 가장 오래 남는 교육의 순간이 될 것입니다.

03장 오타니 쇼헤이 루틴, 내 아이도 만들 수 있다

2023년 겨울, 전 세계가 주목한 이름은 오타니 쇼헤이였습니다. 그는 LA 다저스와 10년간 7억 달러(약 9,200억 원)의 계약을 맺으며 스포츠 역사상 가장 큰 기록을 세웠습니다. 하지만 이 이야기가 특별한 이유는 돈이나 기록이 아니라, 자신만의 길을 포기하지 않은 믿음과 노력에 있습니다. 오타니는 투수이자 타자인 '이도류(二刀流)' 선수입니다. 야구 역사상 전례 없는 도전을 선택했고, 수많은 시선 속에서도 자신이 가고자 하는 방향을 끝까지 밀고 나갔습니다. 그의 성공은 타고난 재능이 아니라, 끊임없는 연습과 자기 확신의 결과였습니다. 이 이야기는 아이들에게도 큰 메시지를 줍니다. 남들이 걷지 않은 길이라도, 진심으로 좋아하는 일을 향해 꾸준히 나아가면 새로운 길이 열린다는 것입니다. 오타니의 삶은 그 믿음의 증거이며, 아이들에게 '노력의 힘'이 무엇인지 보여 주는 살아 있는 교과서입니다.

오타니 쇼헤이의 성장 과정은 한 편의 드라마처럼 감동적인 이야기입니다. 중학교 때 이미 시속 130km의 공을 던졌고, 고등학교에서는 일본 최초로 160km의 구속 기록을 세우며 '괴물 투수'로 불렸습니다. 하지만 그는 거기에 머물지 않고, 일본 프로야구를 넘어 메이저리그에 도전했습니다. 많은 이들이 "이도류가 미국에서도 통할까?"라고 의심했지만, 오타니는 투수와 타자로 모두 활약하며 두 번의 MVP와 홈런왕을 차지했습니다. 그의 이야기가 전하는 메시지는 분명합니다. 남들이 가지 않은 길이라도, 진심으로 몰입하고 노력하면 결국 길이 된다는 것입니다. 오타니는 타고난 재능보다 끊임없는 연습과 자기 확신으로 자신의 한계를 넘어섰고, 그의 삶은 아이들에게 "노력은 결코 배신하지 않는다"는 진리를 보여줍니다.

오타니 쇼헤이의 이야기가 전하는 메시지는 노력, 몰입, 그리고 자신만의 길을 끝까지 걸어가는 끈기입니다. 그는 타고난 재능보다 자신을 단련하고 감정을 다스리는 힘으로 성장했습니다. 매일의 훈련 속에서 스스로를 다듬고, 흔들리지 않는 마음으로 목표를 향해 나아간 결과가 지금의 오타니를 만들었습니다. 우리 아이들이 배워야 할 것은 기록이 아닌 태도입니다. 오타니는 '야구를 잘하는 아이'가 되기 전에 먼저 '자기 자신을 성장시킬 줄 아는 아이'였습니다. 결국 위대한 성취는 자신을 다스리고 꾸준히 노력하는 습관에서 시작된다는 것. 그것이 오타니 쇼헤이가 남긴 가장 값진 가르침입니다. 오타니 쇼헤이는 어릴 때부터 자기관리와 계획의 습관을 철저히 익혔습니다. 그는 단순히 "열심히 하겠다"가 아니라, 목표를 구체적으로 세우고, 자신의 강점과 약점을 분석해 매일 발전 방향을 기록했습니다. 감정이 흔들릴 때마다 "왜 이런 감정을 느꼈을까?", "다음엔 어떻게 다르게 해 볼까?"라고 스스로에게 묻고, 그 과정을 노트에 정리하며 마음을 단련했습니다.

그가 이렇게 자랄 수 있었던 이유는 부모의 조용한 믿음과 지지 덕분이었습니다. 아버지는 "오늘은 어땠니?"라는 질문으로 아이가 스스로 생각하도록 도왔고, 어머니는 성적보다 휴식과 감정, 건강한 리듬을 중요하게 여겼습니다. 부모의 통제 대신 신뢰 속에서 자란 오타니는 스스로 움직이고 성장하는 아이가 되었습니다. 이 이야기가 전하는 교훈은 단순합니다. 아이를 완성시키는 것은 통제가 아니라, 믿음과 기다림입니다. 부모가 한 발 물러서서 지켜볼 때, 아이는 자기 힘으로 성장하며 진짜 주체가 됩니다.

1. 자신의 삶을 스스로 설계한 아이

초등학교 시절, 오타니 쇼헤이는 '목표 설정 시트'라는 특별한 노트를 만들었습니다. 그 노트의 중앙에는 커다랗게 이렇게 적혀 있었습니다. "프로야구 선수가 되기." 하지만 진짜 놀라운 건 그다음이었습니다. 그는 이 목표를 이루기 위해 스스로 세부 계획을 세웠습니다. 체력, 식습관, 생활습관, 감정 조절, 인성 등 자신이 성장하기 위해 필요한 모든 요소를 직접 써 내려갔습니다.

예를 들어,

체력: 하루 8시간 꾸준히 훈련하기

식습관: 고기와 채소를 균형 있게 먹기

생활 습관: 일찍 자고 일찍 일어나기

감정 조절: 화가 났을 때 어떻게 행동할지 생각하기

인성: 감사 표현하기, 팀워크 중시하기, 겸손한 태도 유지하기

이 노트는 단순한 다짐이 아니라, 자신의 꿈을 실현하기 위한 구체적인 행동 설계도였습니다. 무엇보다 이 계획은 누가 시켜서 한 것이 아니

 공부보다 먼저, 부모가 가르쳐야 할 것

라, 오타니 스스로의 생각과 의지로 만들어졌다는 점이 가장 특별했습니다. 또래 아이들이 하루하루를 흘려보내던 시절, 그는 이미 자신이 어떤 사람이 되고 싶은지를 명확히 알고 있었고, 그 길을 가기 위한 방법을 글로 정리할 줄 알았습니다. 이것은 단순한 노트가 아니라, 자기 삶을 스스로 설계한 한 아이의 선언문이었습니다.

이 이야기는 부모에게 중요한 메시지를 전합니다. 아이에게 필요한 것은 강요나 통제가 아니라, 스스로 생각하고 계획할 수 있는 '자기 설계의 힘'을 길러 주는 환경입니다. 오타니의 노트는 바로 그 힘이 어떻게 위대한 성장으로 이어지는지를 보여 주는 예입니다.

2. 억지로가 아닌, 진심으로 즐겼던 훈련

오타니 쇼헤이에게 훈련은 의무가 아닌 즐거움이었습니다. 하루 몇 시간씩 반복되는 연습도 그는 힘들어하지 않았습니다. 정해진 훈련이 끝난 후에도 스스로 운동장에 남아 공을 던지고, 배트를 휘두르며 시간을 보냈습니다. 누구의 지시도, 보상도 없었지만 그는 단순히 "재미있어서 더 하고 싶다"는 마음으로 움직였습니다. 그가 어린 시절 남긴 말은 그 마음을 그대로 보여 줍니다.

"투수만 하기엔 아쉬워요. 타자로도 뛰고 싶어요."
"연습 끝나고 혼자 던지는 게 더 재밌었어요."
"야구가 좋아서요. 잘하고 싶었어요."

이 말에는 꾸밈도 계산도 없습니다. 그는 진심으로 좋아서 했고, 좋아서 더 잘하고 싶었던 아이였습니다. 이처럼 내면에서 자라난 자발적인 열정은 어떤 강요나 보상보다 훨씬 강한 힘을 발휘합니다. 억지로 시켜서 하는 아이는 언젠가 지치지만, 스스로 즐기는 아이는 시간이 지날수록 더 단단해집니다. 이 자발성이 바로 재능의 씨앗이 됩니다. 재능은 타고나는 것이 아니라, 좋아하는 일을 스스로 반복하며 깊어지는 과정 속에서 만들어집니다. 오타니는 남들보다 특별한 능력을 가진 아이가 아니라, 남들보다 더 즐길 줄 알고, 더 오래 사랑할 줄 알았던 아이였습니다. 아이의 재능은 멀리 있지 않습니다. 무엇이든 스스로 흥미를 느끼고 몰입할 수 있는 그 마음에서 시작됩니다. 부모가 해야 할 일은 그 마음을 억누르지 않고, 꾸준히 이어 갈 수 있는 환경을 만들어 주는 것입니다. 오타니의 어린 시절은 그 사실을 보여 주는 살아 있는 교과서입니다.

3. 감정도 훈련의 일부였다

오타니 쇼헤이는 어릴 때부터 감정도 훈련의 일부로 여겼습니다. 그에게 야구는 단순히 공을 던지고 치는 기술의 문제가 아니라, 자신의 마음을 다스리는 과정이기도 했습니다. 그는 매일 느낀 감정을 '감정 노트'에 기록했습니다. 친구와 다툰 일, 경기에서 실수했을 때의 기분, 누군가의 말에 상처받은 순간 등 하루 동안의 감정을 솔직하게 적어 내려갔습니다. 하지만 거기서 멈추지 않았습니다. 그는 스스로에게 물었습니다.

"나는 왜 이런 감정을 느꼈을까?"
"그때 내 행동은 적절했을까?"

 공부보다 먼저, 부모가 가르쳐야 할 것

"다음에는 어떻게 다르게 해 볼 수 있을까?"

이 질문을 통해 그는 감정을 단순히 흘려보내지 않고, 이해하고 성장의 재료로 바꾸는 훈련을 했습니다. 그 결과, 어떤 상황에서도 흔들리지 않는 안정된 멘탈을 키울 수 있었습니다. 야구는 체력과 기술의 싸움이지만, 동시에 감정의 싸움이기도 합니다. 한 번의 실수가 경기 전체를 바꿀 수 있고, 무수한 시선 속에서도 냉정함을 유지하는 것이 진짜 실력입니다. 오타니가 큰 무대에서도 평정심을 유지할 수 있었던 이유는 바로 이 감정 훈련의 힘이었습니다. 그의 이야기는 우리 아이들에게도 큰 교훈을 줍니다. 멘탈은 타고나는 것이 아니라 길러지는 것입니다. 아이에게 "오늘 어떤 기분이 들었어?", "그 감정을 어떻게 말로 표현할 수 있을까?"와 같은 질문을 던지세요. 이 작은 대화와 기록의 습관이 아이의 마음을 단단하게 만들고, 어떤 어려움 속에서도 스스로를 지켜 낼 수 있는 힘이 됩니다. 오타니는 바로 그 사실을 보여 주는 살아 있는 증거입니다.

4. 부모는 '감독자'가 아니라 '조력자'였다

오타니 쇼헤이의 성장 뒤에는 언제나 한결같이 믿고 기다려 준 부모의 태도가 있었습니다. 그의 아버지는 사회인 야구 선수, 어머니는 배드민턴 국가대표급 선수 출신이었지만, 두 사람은 아이를 통제하거나 계획대로 이끌지 않았습니다. 대신 조용히 옆에서 지켜보며 도와주는 '조력자'의 역할을 선택했습니다. 오타니는 훗날 이렇게 말했습니다. "아버지는 언제나 '오늘은 어땠니?' 하고 물어보셨어요." 그 한마디에는 부모의 철학이 담겨 있습니다. 결과를 묻기보다 과정을 돌아보게 하는 질문, 충고 대신 스스로 성찰하도록 돕는 대화가 바로 그들의 방식이었습니다. 어머니 역시 성적보다 아이의 건강과 감정의 균형을 더 중요하게 여겼습니다. "엄마는 성적보다 밥 잘 챙겨 먹는 걸 더 중요하게 생각하셨어요." 이런 부모의 태도는 마치 지휘자가 아니라 조율사와도 같았습니다. 아이의 인생을 대신 연주하지 않고, 그가 자신의 음악을 스스로 연주할 수 있도록 줄을 맞추고, 호흡을 고르게 해 주는 사람들이었습니다.

그 덕분에 오타니는 어릴 때부터 스스로 훈련을 계획하고, 감정을 관리하며, 목표를 세울 줄 아는 아이로 자랐습니다. 그의 부모는 앞서서 이끄는 사람이 아니라, 언제나 곁에서 묵묵히 지켜봐 주는 부모였습니다. 이 이야기는 부모에게 중요한 메시지를 전합니다. 아이를 이끄는 것보다, 믿고 기다리는 것이 더 큰 힘이 됩니다. 조용히 곁에 있어 주는 부모의 신뢰가 아이로 하여금 자기 삶을 스스로 이끌 수 있는 가장 단단한 기반이 됩니다.

오타니 쇼헤이는 단지 야구를 잘하는 선수가 아니라, 자신을 단련하고 성장시킬 줄 아는 사람입니다. 아이도 그런 사람으로 자라나길 바란다면, 부모가 해야 할 일은 단순합니다. 비교보다 응원, 잔소리보다 대화, 강요보다 관찰을 선택하는 것—그것이 아이를 단단하게 키우는 힘입니다. 아이에게 필요한 건 완벽이 아니라 꾸준함과 자기 성찰입니다. 매일의 감정을 기록하고, 포기하지 않고 반복하는 그 시간 속에서 아이는 스스로 성장합니다. 성공은 큰 목표가 아니라 작은 실천과 흔들림 없는 반복에서 시작됩니다.

 공부보다 먼저, 부모가 가르쳐야 할 것

부모의 역할은 아이의 속도를 존중하고, 넘어져도 다시 일어설 수 있도록 곁을 지켜 주는 일입니다. 오타니의 부모가 그랬듯, 믿고 기다리는 사랑이 결국 아이를 성장시키는 가장 큰 힘이 됩니다.

그의 교육 철학은 다음과 같이 정리할 수 있습니다. '모티베이션이 있는 사람은 지치지 않는다' 이진영 교수의 삶을 가장 정확히 설명하는 한 문장일지도 모릅니다. 서울에서 평범한 학생으로 자라 전자공학을 전공하고, 석사와 박사 과정을 마치기까지 그의 인생은 꽤 안정적이고 예측 가능한 길을 걸어왔습니다. 남들이 보기에는 이미 충분한 성취를 이룬 듯한 삶이었지만, 그는 어느 순간 스스로에게 질문을 던졌을 겁니다. "나는 진짜 무엇을 알고 싶은가?"라고. 그리고 그 질문의 끝에는 '사람의 뇌를 이해하는 일'이라는 완전히 새로운 세계가 있었습니다.

안정된 삶을 내려놓고, 다시 시작한 공부

이진영 교수는 전자공학 박사로 안정된 삶을 살고 있었지만, 문득 나는 지금 어디를 향해 가고 있는가? 라는 질문을 스스로에게 던졌습니다. 그 질문 하나가 인생의 방향을 완전히 바꾸었습니다. 그는 모든 것을 내려놓고 뇌과학을 새롭게 공부하기로 결심했습니다. 미국으로 건너가 알파벳 교과서부터 다시 펴고, 생물학과 의학의 기초부터 차근차근 배워 나갔습니다.

늦은 시작이었지만 그는 멈추지 않았고, 그 시간 속에서 자신이 진정으로 원하는 길을 발견했습니다. 그의 이야기는 부모와 아이 모두에게 중요한 메시지를 전합니다. 중요한 것은 언제 시작하느냐가 아니라, 왜 시작하느냐입니다. 남들과 속도를 비교하지 않아도 괜찮습니다. 진심으로 원하는 이유를 알고 스스로의 길을 걸어간다면, 그 어떤 늦은 시작도 의미 있는 도전이 됩니다.

공부는 '내가 하고 싶어서' 할 때 가장 강력해진다

공부는 억지로 시켜서 하는 것이 아니라, 스스로 하고 싶을 때 가장 큰 힘을 냅니다. 이진영 교수의 교육 철학은 이렇습니다. "공부를 잘하는 아이와 그렇지 않은 아이의 차이는 머리가 아니라, 그 공부와 마음이 얼마나 연결되어 있는가에 달려 있습니다."

아이들이 성적이나 비교 속에서 공부를 하게 되면, 어느새 '왜 공부해야 하는지'를 잊게 됩니다. 하지만 스스로 의미를 느끼고 '하고 싶어서 하는 공부'가 될 때, 그것은 의무가 아닌 탐험의 여정이 됩니다. 부모의 역할은 아이를 끌고 가는 것이 아니라, 마음속의 불씨를 발견하고 지켜 주는 일입니다. 아이의 눈빛이 반짝이고, 스스로 질문을 던질 때 그 안에 진짜 동기가 숨어 있습니다. 공부와 마음이 맞닿을 때, 아이는 외부의 평가에 흔들리지 않고 스스로 배우고 성장하는 힘을 갖게 됩니다.

감정 없는 목표는 결국 무너진다

공부는 단순히 정보를 쌓는 일이 아니라, 감정과 연결될 때 비로소 의미를 갖습니다. 이진영 교수의 철학처럼 "감성 없는 목표는 껍데기"입니다. 많은 아이들이 좋은 대학, 안정된 직업을 위해 공부하지만, 이런 목표는 감정이 담기지 않으면 쉽게 흔들립니다. 부모나 사회가 정한 길을 따라가는 공부는 결국 아이를 지치게 하고, 진짜 동기를 잃게 만듭니다.

하지만 공부가 아이의 감정과 연결될 때, 이야기는 달라집니다. "이 공부를 통해 세상을 바꾸고 싶다"는 감정이 담긴 이유가 생기면, 공부는 더 이상 숙제가 아니라 자신의 삶을 만드는 여정이 됩니다. 그 순간 아이는 '해야 하는 공부'가 아닌 '하고 싶은 공부'를 하게 되고, 그 안에서 자기 주도성과 진짜 동기가 자라납니다.

결국, 감정 없는 목표는 오래가지 못합니다. 하지만 감정이 담긴 목표는 끝까지 걸어갈 힘을 줍니다. 그러니 아이에게 이렇게 물어보세요. "넌 왜 이 공부를 하고 싶니?" 이 질문 하나가 아이의 마음속 불씨를 피우는 진짜 시작이 됩니다.

미국 정부가 선택한 연구자, 그리고 그가 받은 신뢰

2019년, 미국 국립보건원(NIH)은 미래 과학의 방향을 이끌 인물에게 주는 '파이오니어 상'을 수여했습니다. 그 주인공 중 한 명이 바로 이진영 교수였습니다. 그는 단순히 뛰어난 성과로 이 상을 받은 것이 아니라, 진심으로 알고 싶은 것에 몰두하는 사람으로서의 신뢰를 인정받았습니다. 미국 정부는 그에게 대규모의 연구비를 지원하며 "당신이 하고 싶은 연구를 하십시오"라고 말했습니다. 이는 그의 연구보다 그의 태도와 방향성에 대한 믿음이었습니다.

많은 이들이 안정된 길을 택할 때, 그는 "나는 무엇을 알고 싶은가?"라는

 공부보다 먼저, 부모가 가르쳐야 할 것

질문 하나로 전혀 다른 길—뇌과학—을 선택했습니다. 그 여정은 단순히 노력의 결과가 아니라, 끊임없이 자신에게 묻고 흔들리되 멈추지 않는 사유의 힘이 만들어 낸 성취였습니다. 부모로서 우리가 아이에게 전해야 할 메시지는 명확합니다. 완벽한 능력보다 중요한 것은 끝없이 질문하고 스스로 길을 만들어 가는 태도입니다. 이진영 교수의 삶은 우리 아이들에게 다음과 같이 정리할 수 있습니다.

"진심으로 궁금해하고, 그 궁금함을 포기하지 마라. 그 마음이 결국 너의 길이 될 것이다."

아이들에게 필요한 것은 '머리'가 아니라 '불씨와 방향'

"아이에게 필요한 것은 머리가 아니라 방향과 불씨다." '내가 왜 공부하는가?', '이 지식을 손에 넣으면 나는 어떤 세상을 만들 수 있을까?' 이런 질문을 스스로 던져 보는 아이는, 더 이상 누군가의 감시나 채찍질 없이도 스스로 길을 만들어 가기 시작합니다. 공부는 더 이상 견디는 일이 아니라, 자신의 세계를 확장해 나가는 흥미로운 탐험이 되는 것입니다.

부모가 아이에게 줄 수 있는 최고의 선물

부모가 아이에게 줄 수 있는 최고의 교육은 완벽한 커리큘럼이나 명문대 입학이 아닐지도 모릅니다. 가장 먼저, 아이의 눈을 마주 보며 이렇게 말해 주는 것입니다. "네 안에 이미 가능성이 있어. 나는 그걸 믿어." 그 믿음의 눈빛이야말로, 아이의 마음속 불씨에 처음으로 바람을 불어넣는 순간이 됩니다. 아이가 스스로 자신의 이유를 찾고, 스스로 길을 걷기 시작하는 그 시간. 그것이 바로 능동적인 삶의 시작이며, 교육이 할 수 있는 가장 깊고 근원적인 일입니다.

이진영 교수는 그런 불을 지핀 사람이었습니다. 그리고 그 불씨는 지금 이 글을 읽는 우리 아이들의 마음에도 이미 깃들어 있습니다. 우리가 해야 할 일은 단지 그 불씨를 믿고, 꺼지지 않도록 지켜봐 주는 것뿐입니다.

 공부보다 먼저, 부모가 가르쳐야 할 것

05장 장애를 극복한 박사님의 비결

제게 있어서 강영우 박사님은 단순히 시각장애를 극복한 인물이 아닙니다. 그의 삶은 한계를 넘어선 도전이라기보다, 스스로 길을 만들어 낸 여정이었습니다. 시력을 잃은 어린 시절에도 그는 좌절하는 대신, 손끝으로 배우고 마음으로 세상을 느끼며 자신만의 방식으로 배움의 길을 이어 갔습니다. 한국에서 교육학을 공부한 뒤 미국으로 건너가 박사 학위를 취득하고, 미국 백악관 국가장애위원회 정책차관보로 임명되기까지의 여정은 그가 얼마나 끈기와 책임감으로 삶을 일구었는지를 여실히 보여 줍니다.

그는 장애를 이유로 물러서거나 주어진 현실을 탓하지 않았습니다. 대신 인내, 겸손, 성찰로 자신을 단련하며 누구보다 깊이 세상을 바라보는 사람이 되었습니다. 그의 삶이 주는 감동은 성취한 업적이 아니라 삶을 대하는 태도에 있습니다. 강영우 박사님의 이야기는 우리에게 이렇게 말합니다. "약점이 나를 결정짓지 않는다. 스스로 길을 선택하고 끝까지 걸어가면, 그 길이 곧 가능성이 된다." 강 박사님의 삶은 부모에게도 깊은 메시지를 남깁니다. 자녀에게 필요한 것은 완벽한 환경이 아니라 삶을 마주하는 자세입니다. 그는 아이들에게 '이겨 내는 법'이 아닌, 자신의 한계를 새롭게 정의하고 삶을 스스로 선택하는 용기를 보여 주었습니다.

그의 두 아들은 아버지의 삶을 통해 직접 배웠습니다. 첫째 강진석 박사는 시력을 잃은 아버지를 보며 '시각의 소중함'을 깨닫고 안과 전문의가 되었습니다. 둘째 강진영 박사는 오바마 대통령 시절 백악관 입법특별보 좌관으로 일하며 아버지를 대신해 세상을 밝히는 길을 걸었습니다. 그들 은 아버지의 장애를 연민이 아닌 영감과 사명으로 승화시켰습니다. 이처 럼 자녀들이 훌륭하게 성장한 배경에는, 부모가 말 대신 삶의 태도와 철 학을 꾸준한 실천으로 증명해 보인 환경이 있었습니다. 시력을 잃고도 멈 추지 않고 지식과 믿음으로 새 길을 만든 그 과정 자체가 자녀들에게는 가장 강력한 본보기가 되었습니다.

강 박사님은 자녀에게 실수하지 말라고 당부하는 대신, 자신이 넘어졌 을 때 어떻게 다시 일어서는지를 증명했습니다. 실패를 두려워하지 않고 그 안에서 의미를 찾아 재도전하는 모습이야말로, '성공'보다 더 근본적인 성장의 자세를 가르친 진정한 교육이었습니다. 그는 시각을 잃은 상황에 서도 배움을 멈추지 않고 점자와 녹음기로 박사 학위를 취득했습니다. 이 는 자녀들에게 공부란 성적이 아니라 세상을 이해하고 자신을 성장시키 는 과정임을 행동으로 보여 준 것입니다. "빨리 가라" 대신 "꾸준히 걸어 라", "외워라" 대신 "질문해라"를 몸소 실천한 양육자였습니다.

그의 삶 중심에는 늘 신앙이 있었습니다. 그에게 신앙은 단순한 종교를 넘어, 삶의 방향을 결정짓는 기준이자 힘이었습니다. 자녀들은 매일 아침 조용히 기도하고 감사하는 아버지를 보며, 믿음이 어떻게 감정을 다스리 고 타인을 돕는 실천으로 이어지는지 배웠습니다. 자녀에게 필요한 것은 완벽한 부모가 아니라, 넘어져도 다시 일어서는 진심 어린 모습임을 알게 한 것입니다. 이러한 가풍 속에서 자녀들은 어려움 속에서도 '나를 위한

　　　　　　　　　　공부보다 먼저, 부모가 가르쳐야 할 것

길'보다 '모두를 위한 선택'을 고민하는 사람으로 성장했습니다.

　그는 자녀를 몰아붙이지 않고, 항상 한 걸음 떨어진 자리에서 조율하며 지켜보는 부모였습니다. 자녀가 어떤 길을 택하든 먼저 존중으로 반응했고, 옳고 그름을 따지기보다 아이 스스로 몰입하고 성장할 환경을 만들어 주었습니다. 방향을 강요하는 대신, 자녀의 중심이 흔들리지 않도록 곁에서 돕는 역할에 충실했습니다. 이 태도는 아이 내면에 자율성과 책임감을 길러 주는 밑거름이 되었습니다. 특히 인상적인 것은 그의 대화법입니다. 결과보다 자녀의 마음을 먼저 살피며 늘 "오늘은 어땠니?"라고 물었습니다. 이 짧은 한마디에 담긴 존중과 관심이 아이의 내면을 지켜 주고 스스로 나아갈 힘이 되어 주었습니다. 강영우 박사님의 교육은 결국 '말보다 삶으로, 지시보다 존중으로, 통제보다 신뢰로' 요약할 수 있습니다. 그리고 그 중심에는 신앙으로 다듬어진 따뜻한 믿음이 있었습니다. 그것이 아이의 인격을 바로 세우는 가장 단단한 교육이었습니다.

하버드를 수석으로 졸업한 것으로 알려진 한 한국인 학생의 학습 태도는, 단순히 많은 시간을 투자한 결과라기보다 공부를 바라보는 관점의 차이에서 비롯되었습니다. 그는 공부를 기술이나 요령의 문제가 아니라, 삶의 태도이자 사고의 방식으로 이해했습니다. 특히 그가 중요하게 여긴 것은 '얼마나 오래 공부하느냐'가 아니라, 주어진 시간에 얼마나 깊이 집중하느냐였습니다.

그는 수업 시간에 최대한 몰입하며 이해되지 않는 부분은 그 자리에서 해결하려는 태도를 가졌다고 알려져 있습니다. 이렇게 수업 자체를 '가장 중요한 학습 시간'으로 활용한 덕분에, 반복적인 복습에 의존하지 않고도 학습의 효율을 높일 수 있었습니다. 이는 많은 학생들이 놓치기 쉬운 중요한 포인트입니다. 공부의 핵심은 책상 앞에 앉아 있는 시간이 아니라, 집중의 밀도에 있다는 사실입니다.

또한 그는 혼자만의 공부에 머무르기보다, 함께 배우는 과정의 힘을 중요하게 여겼습니다. 스터디 그룹을 통해 서로의 생각을 나누고, 자신이 이해한 내용을 설명하며 지식을 점검했습니다. 이 과정에서 그는 다양한 시각을 접하고 사고의 폭을 넓혀 갔습니다. 공부를 경쟁이 아닌, 함께 성장하는 과정으로 받아들인 태도는 그의 학습을 더욱 단단하게 만들었습니다.

이 사례가 주는 가장 큰 시사점은, 공부가 단순한 성과 관리가 아니라 삶을 이해하는 훈련이라는 점입니다. 그는 배움을 통해 세상을 어떻게 바라볼 것인지, 문제를 어떻게 해석할 것인지를 끊임없이 고민했습니다. 공부는 목표 그 자체가 아니라, 삶을 살아가는 방식이었던 셈입니다.

이 이야기는 부모에게도 중요한 메시지를 전합니다. 공부를 '해야 하는 일'로만 인식하게 만들기보다, 세상을 이해하고 자신을 성장시키는 과정으로 느끼게 해 주어야 합니다. 그것이 진짜 배움의 출발점입니다. 우수한 학생들의 공통점은 단순 암기가 아니라, 지식을 자기 것으로 만드는 힘에 있습니다. 배운 내용을 자신의 언어로 정리하고 설명하는 과정에서 사고의 구조가 만들어지고, 이해는 더욱 깊어집니다.

이러한 학습 태도의 중심에는 자기 신뢰가 자리 잡고 있습니다. 뛰어난 학생들 사이에서도 자신을 타인과 비교하기보다, 어제의 자신보다 한 걸음 더 나아가는 데 집중했습니다. 그 결과 공부는 경쟁의 도구가 아니라, 자기 성장을 위한 여정이 되었습니다.

성적이나 순위보다 중요한 것은 '얼마나 깊이 이해했는가', '배운 지식이 서로 어떻게 연결되는가'입니다. 공부를 결과가 아닌 내적 성장의 과정으로 바라보는 태도야말로, 장기적으로 큰 성과를 만들어 냅니다. 부모가 기억해야 할 것은 단순합니다. 공부의 본질은 외우는 것이 아니라 이해하는 것이며, 남보다 빠른 속도가 아니라 자기만의 속도를 지켜 가는 힘입니다.

이러한 태도의 밑바탕에는 어릴 때부터 길러진 지적 호기심이 있습니다. 억지로 시킨 공부보다, 함께 질문하고 탐색하며 배움의 즐거움을 경험한 아이들은 훗날 깊이 있는 학습을 이어 갈 수 있는 내적 동력을 갖추게 됩니다. 특히 초등·중등 시기에 다져진 기본기와 사고력은, 고등학교와 대학에 이르러 더욱 큰 힘을 발휘합니다.

예를 들어,

국어
교과서 읽기에 그치지 않고 책을 통해 어휘력을 넓히며, 스스로 문장을 요약하거나 글을 써 보는 훈련으로 문해력과 사고력을 길렀습니다.

수학
공식을 외우기보다 다양한 접근법으로 한 문제를 해결하며 수학적 사고 구조를 익혔습니다.

영어
단어 암기보다 듣기·말하기·읽기·쓰기를 균형 있게 익히며 언어적 감각을 자연스럽게 길러 갔습니다.

공부를 꾸준히 이어 가는 힘은 결국 습관에서 나옵니다. 계획을 세우고, 복습과 오답 정리를 루틴으로 만드는 과정 속에서 학습은 생활이 됩니다. 특히 틀린 문제를 다시 돌아보고, 왜 틀렸는지를 설명하는 과정은 실수를 성장의 자산으로 바꿔 줍니다.

공부를 잘하는 아이들의 공통점은 시간의 양보다 집중의 질입니다. 스마트폰을 멀리하고 자신만의 리듬으로 몰입하는 힘은 타고나는 재능이 아니라, 반복 속에서 길러지는 능력입니다. 그리고 그 모든 중심에는 자기 주도성이 있습니다. 누군가의 지시가 아니라, 스스로 필요성을 느끼고 공부하는 순간 학습의 방향은 완전히 달라집니다.

우수한 학생들은 교과서 밖으로 시야를 넓힙니다. 독서, 다큐멘터리, 온라인 강의 등 다양한 매체를 통해 스스로 학습의 영역을 확장합니다. 특히 독서 습관은 모든 공부의 기반이 됩니다. 어휘력과 문장력은 물론, 사고력과 창의력까지 함께 성장시키기 때문입니다.

공부를 오래 지속할 수 있는 힘은 균형에서 나옵니다. 학습과 휴식, 취미와 운동의 조화를 지키는 아이들은 에너지 관리에도 능숙합니다. 부모의 역할은 성과를 재촉하는 감독자가 아니라, 아이가 스스로 계획하고 실행할 수 있도록 환경을 만들어 주는 조력자입니다. 이러한 부모의 태도가 아이를 평생 배우는 사람으로 성장하게 합니다.

07장 매너, 아이 인생을 지켜 주는 최고의 무기

"매너가 사람을 만든다."

이 말은 단순한 멋진 문장이 아니라, 한 사람의 인격을 결정짓는 깊은 진리입니다. 매너란 단순한 예절이 아니라, 타인을 존중하는 마음이 일상 속에서 자연스럽게 드러나는 '삶의 태도'입니다. 아무도 보지 않을 때의 행동, 작은 말투 속의 배려, 그리고 상황을 대하는 자세에서 그 사람의 품격이 드러납니다. 유럽 부모들은 이런 이유로 매너 교육을 인격 형성의 가장 중요한 과정으로 여깁니다. 영국에서는 "신사처럼 행동하라"는 말을 자주 합니다. 여기서 말하는 '신사'란 멋진 옷차림의 사람이 아니라, 타인을 존중하고 약자를 배려하며, 공적·사적 자리 모두에서 품격 있게 행동하는 사람을 뜻합니다. 프랑스 역시 "매너가 곧 삶의 품격을 결정한다"고 믿으며, 매너를 일생의 기준으로 가르칩니다.

매너는 '잘 보이기 위한 기술'이 아닙니다. 그것은 사회 속에서 조화롭게 살아가기 위한 최소한의 예의이자 인간 됨의 표현입니다. 미국 컬럼비아대 MBA 과정의 조사에서도 CEO의 93%가 "성공의 비결은 대인관계에서의 매너"라고 답했습니다. 결국 세상을 움직이는 힘은 실력보다 사람을 대하는 태도라는 사실을 보여 줍니다. 저 역시 국제 무대에서 처음 일을 시작했을 때, 가장 먼저 배운 것은 '에티켓'이었습니다. 악수하는 법, 식사 예절처럼 보였지만, 그 안에는 '상대방을 존중하는 마음'을 배우는 깊은 의미가 있었습니다. 한 번은 회의 자리에서 한국 참석자가 큰 소리로 식사하며 외국인들에게 불쾌감을 준 일이 있었습니다. 그중 한 유럽인은 자리를 옮기며 이렇게 말했습니다. "우리는 돼지들과 함께 식사하지 않습니다." 처음엔 거칠게 들렸지만, 그 말에는 '상대에 대한 존중이 없는 행동은 함께할 수 없다'는 메시지가 담겨 있었습니다.

유럽 문화에서 식사 예절은 단순한 '형식적인 예의'가 아닙니다. 그것은 상대방에 대한 존중과 함께할 자격의 표현입니다. 식탁에서의 매너는 타인을 배려하고 불쾌하게 하지 않으려는 마음, 그리고 절제된 태도 속에서 드러나는 인간적 품격을 의미합니다. 저는 그 경험을 통해 매너가 단지 겉모습의 문제가 아니라, 타인을 존중하는 마음이 행동으로 이어질 때 비로소 완성된다는 사실을 깊이 느꼈습니다. 매너는 타고나는 것이 아닙니다. 매일의 작은 행동 속에서 길러지는 습관입니다. 운전 중 양보하는 마음, 엘리베이터 문을 잠시 열어 주는 손길, 식사 중 상대를 배려하는 자세. 이런 일상의 행동들이 진짜 매너입니다. 그리고 그 출발점은 바로 가정입니다. 학교에서 배우는 매너보다 더 깊이 아이의 마음에 남는 것은 부모가 직접 보여 주는 태도입니다.

저 역시 어릴 적 부모님께 늘 들었던 말이 있습니다. "어깨 펴고 다녀라."

그땐 단순한 자세 교정의 말로 들렸지만, 시간이 지나 깨달았습니다. 그 말속에는 당당하게 세상을 대하라, 자신을 존중하라는 메시지가 담겨 있었습니다. 바른 자세는 자연스레 자신감을 만들어 주었고, 말투와 표정, 행동까지 바꾸었습니다. 결국 매너는 말보다 몸의 습관과 태도에서 시작되는 내면의 언어라는 것을 알게 되었습니다. 부모의 한마디, 하나의 행동은 아이에게 평생의 기준이 됩니다. "어깨를 펴라"는 말처럼, 아이에게 스스로를 존중하고 타인을 배려하는 자세를 가르치는 일이야말로 진짜 매너 교육의 시작입니다. 매너는 시험 점수로 확인할 수는 없지만, 아이가 사회 속에서 존중받는 사람으로 성장하기 위해 반드시 필요한 자산입니다.

가장 기본적이지만 가장 중요한 교육이 바로 생활 속 매너입니다. 그중 첫걸음은 식사 예절입니다. 반듯한 자세로 앉아 "잘 먹겠습니다"라고 인사하고, 함께 앉은 사람을 기다리며 음식을 먹는 태도, 조용히 씹고 "잘 먹었습니다"로 식사를 마무리하는 습관은 단순한 형식이 아니라 배려와 존중의 표현입니다. 식사 매너 속에는 타인을 생각하는 마음과 자신을 절제하는 태도가 함께 담겨 있습니다. 인사 매너도 마찬가지입니다. 인사는 관계의 문을 여는 첫 행동입니다. 밝은 목소리로 인사하고, 상대의 눈을 보며 정중히 고개 숙이는 습관은 예의 이상의 의미를 갖습니다. 아이는 이런 인사 속에서 상대를 존중하는 방법을 배우고, 나아가 사회 속에서 신뢰를 쌓는 법을 자연스럽게 익히게 됩니다.

또한 대화 매너는 아이의 사회성과 깊은 관련이 있습니다. 상대의 말을

공부보다 먼저, 부모가 가르쳐야 할 것

끊지 않고 끝까지 들어 주는 태도, 고개를 끄덕이며 공감을 표현하는 습관, 눈빛과 표정으로 진심을 전하는 행동. 이런 작은 습관들이 아이를 배려 깊고 신뢰받는 사람으로 자라게 합니다. 공공장소 매너 또한 필수입니다. 줄을 서서 순서를 지키고, 쓰레기를 스스로 정리하며, 다수가 있는 공간에서는 조용히 행동하는 태도는 사회의 질서를 지키는 기본입니다. 그러나 이것은 단순한 규칙이 아니라, 함께 살아가는 공동체에 대한 존중의 표현이기도 합니다.

아이에게 매너를 가르친다는 것은 형식을 가르치는 일이 아니라, 타인을 배려하는 시선과 자신을 절제하는 힘을 길러 주는 일입니다. 공부보다 더 중요한 것은 바로 이 마음의 근육입니다. 이런 태도를 가진 아이는 어디서든 신뢰받고, 따뜻하고 강한 사람으로 성장할 수 있습니다. 그것이야말로 부모가 물려줄 수 있는 가장 깊고 단단한 성공의 밑거름입니다.

자녀의 언어 발달은 단순히 유창하게 말하는 기술 습득이 아닙니다. 언어는 아이의 사고를 확장하고, 감정을 표현하며, 세상과 연결되는 핵심 통로입니다. 양육자가 어떤 표현으로 다가가는지는 단순한 소통을 넘어, 자녀의 자존감과 인격 형성에 직접적인 영향을 줍니다. 다정한 격려와 신뢰가 담긴 시선은 마음속에 "나는 사랑받고 있어", "나는 해낼 수 있어"라는 긍정적 자기 인식을 심어 줍니다. 반대로 냉담한 표현이나 무관심한 반응은 스스로를 부정적으로 바라보게 만듭니다. 아이의 이야기를 끝까지 경청하고, 판단보다 이해하려는 자세는 "너의 생각은 소중해"라는 메시지를 분명하게 전합니다. "그럴 수도 있겠구나", "그렇게 생각한 이유가 궁금하네"와 같은 수용적인 반응은 감정을 존중하고 스스로 표현할 용기를 북돋웁니다. 존중받은 경험은 타인을 배려하고, 감정을 건강하게 다루며 자신의 견해를 세상과 나누는 힘의 기반이 됩니다. 결과보다 노력과 과정을 주목하며 "그걸 위해 얼마나 애썼는지 알아. 정말 멋지다"처럼 인정해 줄 때, 아이는 진정한 자기 동기와 성장의 동력을 얻게 됩니다.

"넌 해낼 수 있어", "실수는 배움의 과정이야" 같은 격려는 자신감이 부족한 아이에게 부모가 건네는 신뢰의 표현입니다. 이 메시지가 진심으로 전해질 때, 아이는 "나도 할 수 있다"는 자기 효능감을 갖게 됩니다. 이러한 지지는 구체적인 경험과 연결될 때 더욱 힘을 발휘합니다. 예를 들어, 낯가림이 심한 아이가 친구에게 먼저 인사했다면, "오늘 네가 먼저 인사하는 걸 보고 정말 놀랐어. 용기가 대단하구나"처럼 구체적인 칭찬이 스스로를 긍정적으로 바라보게 만듭니다. 아이들은 표현 그 자체보다 양육자의 태도와 눈빛에서 진심을 읽습니다. 의무적으로 던지는 말보다 온기 있는 시선과 믿음이 담긴 한마디가 마음에 오래 남습니다. "다른 사람을 돕는 걸 좋아하는구나. 그런 마음을 가진 사람은 멋진 리더가 될 거야." 이처럼 꿈을 존중하며 구체적으로 지지할 때, 자신의 가능성을 실감하기 시작합니다.

"이건 작아 보여도 너의 꿈을 향한 첫걸음이야." 이처럼 작은 행동에도 의미를 부여하는 말은 힘이 있습니다. 아이들은 실수를 통해 배우고 성장합니다. 그때 "괜찮아, 누구나 실수하면서 배우는 거야"라는 위로는, 실수가 실패가 아니라 배움의 과정이라는 인식을 심어 줍니다. 또한 "이걸 어떻게 해결하면 좋을까?"라는 질문은 아이가 스스로 문제 해결의 주체가 되도록 이끕니다. "넌 참 집중력이 좋아", "오늘 네가 스스로 해낸 게 정말 대단했어"와 같이 구체적이고 진심 어린 칭찬은 "나도 할 수 있다"는 자기 확신의 씨앗이 됩니다. 비슷한 또래의 성공 사례를 들려주는 것도 효과적입니다. "너처럼 수학을 어려워하던 친구가 있었는데, 꾸준히 노력해서 상을 받았대" 같은 이야기는 "나도 가능하다"는 현실적인 희망을 줍니다.

무엇보다 중요한 것은 가정과 학교에서 듣는 메시지가 일관되어야 한다는 점입니다. 교사가 칭찬한 일을 집에서 꾸짖는다면 아이는 혼란에 빠집니다. 어른들이 같은 방향으로 "넌 할 수 있어"라는 신뢰를 전할 때, 그 일관된 지지는 "나는 해낼 수 있는 사람"이라는 긍정적 자아 이미지로 자리 잡습니다. "정직하게 행동하면 신뢰받게 돼", "친구를 도와줘서 정말 자랑스러워" 같은 대화는 세상의 가치와 인간관계의 의미를 가르칩니다. 양육자의 표현 하나하나는 마음속에 씨앗처럼 심어져, 시간이 지나 행동과 태도의 뿌리가 됩니다. 따라서 훈계처럼 들리기보다 다정한 말투로 자연스럽게 스며들게 하는 것이 중요합니다. "오늘 네가 먼저 인사해서 엄마가 기뻤어", "지금 그 표현 참 따뜻했어" 같은 말은 자신이 사랑받고 있다는 확신을 줍니다. 아이들은 어른의 언어보다 자신을 대하는 태도를 통해 세상을 배웁니다. 양육자가 온정적인 시선을 가지면, 자녀 역시 세상을 따뜻하게 바라봅니다.

하루의 끝에 "오늘 제일 고마웠던 순간은 뭐였을까?", "오늘 너를 웃게 한 일은 뭐였니?" 같은 짧은 물음만으로도 아이는 자신이 존중받는 존재임을 느낍니다. 소통의 길이보다 중요한 것은 진심의 깊이입니다. 부모의 온기 있는 한마디가 세상에서 가장 든든한 울타리가 됩니다. 결국, 양육자의 언어는 단순한 의사소통을 넘어 자녀의 미래를 만드는 견고한 토대입니다.

공부보다 먼저, 부모가 가르쳐야 할 것

아이를 지혜롭고 독립적인 사람으로 키운다는 것은 단순히 성적을 잘 받게 하는 일이 아닙니다. 그것은 지식·감정·태도·신념·삶의 자세가 함께 자라는 과정입니다. 공부뿐 아니라 놀이, 신체 활동, 정서적 성장을 함께 이끌어 주는 전인적 양육이 필요합니다. 아이에게 필요한 것은 점수나 순위보다, 스스로 배우고 성장할 수 있다는 믿음입니다. 현실에서 부모와 아이 모두 바쁘지만, 이럴 때일수록 중요한 것은 통제가 아닌 균형입니다. 리듬은 주되 강요하지 않고, 자유를 주되 방임하지 않는 구조를 만드는 것입니다. 예를 들어, 방과 후에는 1시간 집중 공부나 독서 후 30분 정도 자유 놀이 시간을 갖게 합니다. 이 시간은 아이의 창의력과 자기조절력을 기르는 기회가 됩니다. 저녁에는 가족 산책이나 간단한 운동으로 몸을 풀고, 잠들기 전에는 조용한 독서나 대화로 하루를 마무리하면 좋습니다.

아이의 하루는 일정한 리듬 안에 있으면서도, 감정과 컨디션에 따라 유연하게 조절될 수 있어야 합니다. 이런 구조 속에서 아이는 스스로 하루를 조율하는 힘, 즉 자기조절력과 독립성을 키웁니다. 부모가 일관된 관심과 따뜻한 격려로 함께할 때, 아이는 "나는 스스로 성장할 수 있다"는 자기 효능감을 배우게 됩니다. 그 믿음이 아이의 평생을 지탱하는 진짜 힘이 됩니다. 하루의 계획은 단순한 시간표가 아니라, 아이 스스로 삶의 질서를 만드는 과정이어야 합니다. 공부, 휴식, 놀이가 자연스럽게 이어지는 구조를 만들면 아이는 스스로 리듬을 찾아 가며 자주적 태도를 익힙니다. 또한 놀이와 학습의 경계를 허물면 아이는 더 깊이 성장합니다. 퍼즐, 레고, 보드게임은 논리력과 문제 해결력을 키워 주고, 자연 관찰, 그림, 글쓰기 같은 활동은 탐구심과 창의력을 자극합니다. 배움은 교실이 아니라, 생활 속 모든 순간에 존재합니다.

운동은 억지로 시키는 것이 아니라, 즐겁게 몸을 움직이는 놀이로 접근해야 합니다. 숨바꼭질, 공놀이, 자전거 타기, 산책처럼 부모와 함께 웃으며 뛰노는 시간이 아이에게는 최고의 운동이 됩니다. 이때 중요한 것은 "건강을 위해 해야 하는 일"이 아니라 "함께 뛰는 즐거운 시간"으로 느껴지게 하는 것입니다. 부모가 직접 참여해 즐겁게 움직이는 모습을 보이면, 아이는 자연스럽게 운동을 긍정적인 경험으로 받아들입니다. 이 경험은 끈기·도전 정신·정서적 안정감을 키우는 밑거름이 됩니다. 또한, 아이에게 작은 목표를 제시해 주는 것은 훌륭한 동기 부여가 됩니다. "오늘은 어제보다 한 바퀴만 더 돌자", "줄넘기 10번만 더 해 보자"처럼 부담 없는 도전을 제시하면, 아이는 그것을 게임처럼 즐기며 스스로 움직이게 됩니다. 이런 경험이 쌓이면 아이는 "나는 해낼 수 있다"는 자기 효능감을 키우고, 믿음이 점차 자신감과 책임감으로 자라납니다. 부모가 모든 것을 대신하기보다, 아이 스스로 계획하고 선택할 수 있도록 지켜봐 주는 것이 중요합니다.

"이게 어렵게 느껴지는구나. 그럼 어떻게 하면 더 재미있게 해 볼 수 있을까?"처럼 감정을 인정하고 함께 해결책을 찾아 주는 대화는 아이가 감정을 건강하게 다루고 스스로 판단하는 법을 배우게 합니다. 부모의 가장

   공부보다 먼저, 부모가 가르쳐야 할 것

기본적인 역할은 경청과 인정입니다. 아이의 관심사에 귀 기울이고, 작게라도 성취했을 때 "오늘 10분 동안 집중해서 읽었구나, 대단해!" 같은 말로 노력을 인정해 주는 것이 아이에게 강한 내적 동기를 만들어 줍니다. 또한 부모가 스스로 일에 몰입하고 즐겁게 도전하는 모습을 보여 주는 것은 말보다 훨씬 강력한 교육이 됩니다. 아이는 부모의 말보다 행동에서 더 많이 배우기 때문입니다. 이런 원칙은 일상의 루틴 속에서 구체화될 때 더 큰 힘을 가집니다.

평일에는 '학습 → 창의 놀이 → 신체 활동 → 가족 교감'으로 이어지는 자연스러운 흐름, 주말에는 야외 활동이나 친구와의 교류, 프로젝트형 놀이를 포함하면 좋습니다. 중요한 것은 이 모든 일정이 아이 스스로 선택한 듯한 경험으로 느껴지게 하는 것입니다. 억지로 시키기보다 "우리 이건 어떻게 해 볼까?"라는 식으로 함께 계획하고 조율하는 과정이 자율성을 키워 줍니다. 균형 잡힌 성장이란 모든 것을 완벽히 해내는 것을 의미하지 않습니다. 하루의 계획이 어긋나거나 일정이 무너지는 날이 있어도 괜찮습니다. 그럴 때 "오늘은 쉬는 걸 배우는 날이야", "여유도 중요한 시간이야"라고 말해 주세요.

부모의 말 한마디는 때로 어떤 훈육보다 큰 힘을 가집니다. "괜찮아, 오늘은 여기까지 해도 충분해." 이런 따뜻한 한 문장은 아이에게 완벽함보다 더 중요한 '삶의 리듬'을 가르쳐 줍니다. 세상은 언제나 계획대로 흘러가지 않습니다. 중요한 것은 예기치 못한 일에도 당황하지 않고 자신의 속도로 다시 일어서는 힘입니다. 이 능력은 평생의 자산이 되며, 아이뿐 아니라 부모에게도 꼭 필요한 태도입니다. 아이를 키우는 일은 예측 불가능한 순간의 연속입니다. 완벽할 수 없기에, 부모 역시 자신에게 여유를 허락할 필요가 있습니다. 하루가 계획대로 흘러가지 않아도 괜찮습니다. 함께 웃고 이야기한 순간, 서로를 바라본 시간, 그것이야말로 아이에게 가장 오래 남는 '진짜 교육'입니다. 완벽한 하루가 아닌, 의미 있는 하루가 아이를 성장시킵니다.

하루의 끝에서 아이와 나누는 짧은 대화. "오늘은 어떤 게 가장 즐거웠어?", "무엇이 마음을 편하게 해 줬을까?" 이런 질문이야말로 아이의 마음을 돌보는 최고의 선물입니다. 균형 잡힌 양육은 모든 것을 다 해내려는 완벽주의가 아니라, 서로에게 숨 쉴 여유를 남겨 두는 것에서 시작됩니다. 그 여유 속에서 아이는 자신의 삶을 사랑하고, 스스로의 속도로 자라나는 법을 배웁니다.

10장 책과 친해지는 첫 10분의 기적

아이에게 독서를 습관으로 만드는 가장 좋은 방법은 '작은 루틴'을 만드는 것입니다. 책 읽기를 거창하게 시작할 필요는 없습니다. 하루 10분이라도 꾸준히 반복된다면, 독서는 자연스럽게 아이의 일상이 됩니다. 예를 들어 잠자기 전 10~20분 책을 읽는 시간은 하루를 차분히 마무리하는 루틴이 되고, 아침에 한두 페이지를 읽는 습관은 아이의 하루를 긍정적으로 여는 힘이 됩니다. 이렇게 책이 하루의 시작과 끝에 자리 잡으면, 독서는 '해야 하는 일'이 아니라 숨 쉬듯 자연스러운 생활의 일부가 됩니다.

무엇보다 중요한 것은, 이 시간을 의무가 아닌 즐거움으로 느끼게 하는 것입니다. "책 읽어야 해!"라는 말보다 부모가 책을 즐기는 모습을 보여 주는 것이 훨씬 큰 교육입니다. 아이들은 부모의 말보다 태도에서 배웁니다. 부모가 즐겁게 책을 읽는 순간, 아이도 자연스럽게 그 즐거움을 따라 배우게 됩니다. 또한 독서는 혼자만의 시간이 아니라 가족이 함께 교감하는 시간이 될 수 있습니다. 책을 읽어 주거나 함께 이야기하면서 "이 장면에서 어떤 기분이 들었어?", "주인공이 왜 그랬을까?", "너라면 어떻게 했을까?" 같은 질문을 던져 보세요. 이런 대화는 아이의 사고력·공감력·표현력을 깊게 자라게 하고, 책을 통해 세상을 이해하고 자신을 표현하는 힘을 길러 줍니다.

아이에게 독서를 자연스럽게 익히게 하려면 책과 가까워질 수 있는 환경을 먼저 만들어 주세요. 책장은 아이의 눈높이에 맞게, 자주 지나는 공간에 두고, 책의 종류는 동화책·만화책·활동북·팝업북·백과사전 등 다양하게 준비해 흥미를 자극하는 것이 좋습니다. 핵심은 "언제든 손이 닿고, 마음이 열릴 수 있는 자리"를 마련하는 것입니다. 독서를 좋아하게 만드는 비결은 책을 '많이 읽히는 것'이 아니라 '책을 좋아하게 만드는 경험'을 주는 것입니다. 책 읽기가 의무가 아닌 즐거움이 될 때, 독서는 자연스럽게 아이의 일상으로 스며듭니다. 결국 아이의 독서는 부모의 한마디, 함께 넘긴 한 권의 책에서 시작됩니다.

또한 독해력을 키우기 위해서는 아이의 수준을 정확히 파악하는 것이 중요합니다. 무작정 어려운 책보다 조금 높은 수준의 책을 함께 읽으며 이해를 도와주고, 낯선 단어는 문맥으로 유추하게 하거나 부모가 쉽게 풀어 설명해 주세요. 이야기 구조가 명확한 책은 집중력과 이해력을 높이고, 생생한 인물이 등장하는 이야기책은 감정이입과 사고력을 자라게 합니다. 책 읽기가 "할 수 있다"는 자신감의 경험으로 이어질 때, 독서는 부담이 아닌 즐거운 성취가 됩니다.

마지막으로, 다양한 장르에 도전할 수 있도록 도와주세요. 과학·역사·시집·철학 그림책·교육 만화책 등 폭넓은 책을 접하게 하면 아이의 시야가 확장됩니다. 특히 만화책은 언어 맥락 이해를 돕고 독서 거부감을 줄이는 훌륭한 시작점이 됩니다. 새로운 장르를 권할 때는 "이 책은 네가 좋아하는 동물이 왜 그런 행동을 하는지 알려 준대"처럼 호기심을 자극하는 말 한마디로 시작하세요. 이런 대화가 책을 탐험처럼 느끼게 하고, '읽

　　　　　　　　　　공부보다 먼저, 부모가 가르쳐야 할 것

고 싶은 마음'을 키우는 씨앗이 됩니다.

아이에게 책을 더 가까이 느끼게 하려면 도서관 방문을 생활화하는 것이 좋습니다. "오늘은 네가 읽고 싶은 책 세 권을 골라 보자"처럼 작은 미션을 주면 책 고르기가 놀이가 됩니다. 아이가 직접 선택한 책은 끝까지 읽을 가능성이 높고, 그 과정에서 자율성과 주도성이 함께 자랍니다. 책을 다 읽은 뒤에는 간단한 대화나 표현 활동을 더해 보세요. "가장 기억에 남는 장면은 뭐였어?", "주인공에게 편지를 쓴다면 뭐라고 할래?" 같은 질문은 아이의 생각을 정리하고 표현력과 사고력을 키워 줍니다. 그림으로 내용을 표현하거나 간단한 독후감을 써 보는 것도 좋습니다. 이런 활동은 책의 내용을 오래 기억하게 하고, 독서를 감정과 경험으로 연결시켜 줍니다.

모든 아이가 처음부터 글이 많은 책을 좋아하는 것은 아닙니다. 그래서 다양한 형태의 책을 접하게 하는 것이 중요합니다. 그림책, 학습만화, 전자책, 오디오북 등 아이의 성향에 맞게 접근 방식을 바꿔 보세요. 또한 책과 영상을 함께 즐기는 방법도 효과적입니다. 책을 원작으로 한 영화를 보고 "이 장면은 책과 어떻게 달랐지?", "어떤 버전이 더 좋았어?" 라고 이야기해 보면, 비판적 사고력과 독서 흥미가 함께 자랍니다.

초등 저학년

《우리 엄마는 청소기 마녀》,《강아지똥》,《마법의 시간 여행》,《플로네의 비밀》

→ 짧고 따뜻한 이야기로 상상력과 감성을 키워 줍니다.

초등 고학년

《열두 살에 부자가 된 키라》,《철학 탐정》,《내 이름은 삐삐 롱스타킹》,《신비아파트 공식 가이드북》

→ 흥미와 배움을 동시에 자극하며 사고의 폭을 넓혀 줍니다.

자기계발·교양 도서

《우리는 이렇게 과학자가 되었어요》,《세상에서 가장 쉬운 경제책》,《어린이를 위한 감정 수업》

→ 세상을 이해하고 자신에 대해 생각하게 하는 책들입니다.

책을 읽기 전에는 "이 책을 왜 골랐어?" 읽은 뒤에는 "이 이야기에서 너라면 어떻게 했을까?" 같은 열린 질문을 던져 주세요. 이런 대화는 단순한 독서 확인을 넘어, 아이가 책을 스스로 해석하고 자신의 의견을 갖는 힘을 길러 줍니다.

아이의 지능지수(IQ)는 타고나는 부분도 있지만, 부모의 관심과 정서적 지지, 그리고 가정의 분위기가 훨씬 더 큰 영향을 줍니다. 유전은 가능성의 씨앗일 뿐, 그것을 키우는 것은 부모의 대화와 태도입니다. 따뜻한 대화와 사고를 자극하는 환경이 아이의 두뇌 발달과 창의력을 자라게 합니다. 책을 읽을 때는 단순히 내용을 확인하기보다 "왜 그렇게 했을까?", "너라면 어떻게 했을까?" 같은 열린 질문을 던져 보세요. 이 한마디가 아이를 수동적인 독자에서 생각하는 아이로 변화시킵니다. 이런 대화는 사고력·언어 표현력·공감 능력까지 함께 자랍니다. 부모의 경청 태도도 중요합니다. 아이의 말이 느리더라도 끊지 말고 끝까지 들어주세요. 그 침묵 속에서 아이는 "내 생각은 존중받고 있어"라는 자신감과 신뢰를 느낍니다. 단어를 가르칠 때는 암기보다 문맥 속에서 이해하도록 이끌어 주세요. "'궁리했다'는 말이 왜 나왔을까?"처럼 상황과 연결해 질문하면 아이의 기억력과 사고력이 함께 자랍니다. 일상 속에서도 "오늘 조금 '의기소침'했어?"처럼 감정과 연결해 단어를 쓰면 언어의 생생한 의미를 배웁니다.

공부는 시험 준비가 아니라 세상을 이해하는 시간이 되어야 합니다. 부모가 책을 즐겁게 읽는 모습만으로도 아이에게 "공부는 즐거운 일"이라는 메시지를 전할 수 있습니다. 체스, 스도쿠, 퍼즐 같은 놀이나 간단한 과학 실험도 논리력과 호기심을 자극하는 훌륭한 학습입니다. 그림 그리기, 만들기, 악기 연주, 이야기 만들기 등은 창의력과 표현력을 자라게 합니다. 또한 아이에게 작은 선택의 기회를 주세요. 옷이나 간식을 직접 고르는 경험은 결정력과 자존감, 책임감을 키워 줍니다. 정돈된 공간과 조용한 분위기 속에서 책과 창의적 도구를 가까이 두는 환경은 아이의 몰입력과 사고력을 키우는 토양이 됩니다.

정돈되고 조용한 공간이 사고의 시작점

우선, 아이의 방은 지나치게 산만하거나 혼란스러운 공간이 되어서는 안 됩니다. 시선이 자꾸 분산되거나 주변이 어지럽다면, 아이는 책상 앞에 앉아 있어도 마음은 다른 곳을 떠돌게 됩니다. 따라서 방은 정돈된 상태를 유지하되, 너무 차갑거나 삭막하지 않도록 따뜻한 분위기를 유지하는 것이 좋습니다. 아이가 좋아하는 색이나 포스터를 활용하되, 학습에 방해가 되지 않을 정도로 절제된 감각이 필요합니다. 조용한 환경 또한 매우 중요합니다. 집안의 소음이 적고, 아이가 스스로 '지금은 집중하는 시간'이라는 인식을 가질 수 있도록 도와주세요.

기본적인 학습 도구는 신뢰할 수 있는 고정 장치로

아이에게 꼭 필요한 학습 공간의 구성은 단순하면서도 기능적이어야 합니다. 높이가 맞는 책상과 의자는 기본이며, 눈의 피로를 줄이기 위한 부드러운 조명, 그리고 자주 사용하는 학용품이 손에 닿는 거리 안에 정리되어 있어야 합니다. 이때 중요한 것은, 아이가 책상에 앉는 행위를 자연스럽고 편안하게 느끼게 하는 것입니다. 공부가 불편한 '노역'이 아니라 익숙한 일상의 연장선이 되기 위해서는, 그 공간이 아이에게 편안함을 제공해야 합니다. 정기적으로 책상 위를 정리해 주는 습관은 아이 스스로

　　　　　　　　　　　공부보다 먼저, 부모가 가르쳐야 할 것

공간을 관리하는 책임감도 길러 줍니다.

디지털 기기, '활용'이 아니라 '관리'가 핵심입니다

디지털 기기를 완전히 없애는 것은 어렵지만, 아이에게 중요한 것은 '얼마나 쓰느냐'보다 '어떻게 관리하느냐'입니다. 스마트폰이나 태블릿은 학습에 도움이 될 수도 있지만, 즉각적인 자극에 익숙해지면 깊이 생각하는 힘이 약해질 수 있습니다. 따라서 디지털 기기는 '수단'으로만 쓰이게 하는 것이 핵심입니다. 아이와 함께 "왜 이걸 보는 걸까?", "보고 나서 어떤 생각이 들었어?" 같은 질문을 나누면, 단순한 시청이 아닌 사고력을 기르는 시간이 됩니다.

또한 사용 시간과 콘텐츠의 질을 함께 점검하는 습관이 중요합니다. 게임이나 단순 영상 대신 학습 앱·창의 콘텐츠를 활용하고, 정해진 시간 이상 사용하지 않도록 도와주세요. 그리고 사용 후에는 휴식과 바깥 활동으로 균형을 맞추는 것이 꼭 필요합니다. 뇌는 자극과 쉼이 번갈아 있을 때 가장 건강하게 성장합니다.

공간은 도구, 중심은 언제나 아이 자신입니다

가장 중요한 것은 아무리 잘 구성된 환경이라 하더라도, 그 공간의 중심은 언제나 '아이'라는 사실입니다. 학습 공간은 아이가 스스로 사고하고 표현하는 힘을 기르기 위한 배경일 뿐, 본질은 언제나 아이의 생각, 질문, 표현에 있습니다. 책상과 조명, 정리된 책장, 조용한 분위기는 아이가 자신의 마음을 열고 세상과 소통할 수 있도록 돕는 하나의 통로입니다.

부모가 해 줄 수 있는 최고의 준비는 완벽한 공부방을 꾸미는 것이 아니라, 아이 스스로 편안함을 느끼고 자신의 생각을 믿을 수 있게 지지하는 태도입니다. 조용한 방 한구석에서 오늘의 생각을 정리하며 한 줄의 문장을 써 내려가는 시간은, 아이의 사고력과 표현력의 뿌리가 됩니다. 아이의 두뇌는 몸과 연결되어 있습니다. 충분한 잠(9~11시간), 균형 잡힌 식사, 꾸준한 운동이 지적 성장의 기본입니다. 연어·호두·달걀·콩처럼 오메가-3와 단백질, 비타민이 풍부한 음식을 섭취하게 하고, 줄넘기·자전거·산책 같은 가벼운 운동 습관을 들이면 집중력과 사고력이 함께 자랍니다.

책으로 배우는 지식보다 더 중요한 것은 직접 경험하는 배움입니다. 박물관 관람, 자연 체험, 역사 탐방은 아이의 지식과 정서, 상상력을 함께 자극합니다. 부모가 책을 읽고, 감정을 표현하며, 꾸준히 배우는 모습을 보여 주는 것만으로도 아이는 살아 있는 교육을 배웁니다. 또한 아이의 이야기를 끝까지 들어 주고, 작은 성취에도 진심으로 칭찬하는 태도는 자존감과 도전 정신을 키워 줍니다. 성장은 단기간의 성적이 아니라 꾸준한 습관과 과정의 힘에서 비롯됩니다. 하루 15분의 독서, 퍼즐, 산책이 시간이 지나면 큰 차이를 만듭니다. 아이에게는 완벽한 결과보다 스스로 시도하고 배우는 경험이 더 큰 자산이 됩니다.

공부보다 먼저, 부모가 가르쳐야 할 것

Ⅲ. 자율성과 표현

12장 좋은 관계를 위한 대화법

아이와의 관계를 건강하고 긍정적으로 유지하기 위해서는 단순한 지시나 훈육을 넘어, 깊이 있는 '대화'가 중요합니다. 대화는 단순히 정보를 전달하는 수단이 아니라, 감정을 나누고 신뢰를 쌓는 통로이며, 아이가 세상을 이해하고 자신을 표현하는 가장 중요한 방법입니다. 이를 위해서는 부모가 어떻게 말하고, 어떻게 들어 주는지가 결정적입니다. 다음은 좋은 관계를 위한 대화법과 함께, 효과적인 훈육, 자존감 형성, 부모의 역할 분담까지 연결된 중요한 실천 전략들을 소개합니다.

1. 좋은 관계를 위한 대화법

· 적극적으로 경청하기

심리학자 칼 로저스(Carl Rogers)가 강조한 '적극적 경청'은 단순히 아이의 말을 듣는 것을 넘어, 그 말에 담긴 감정을 이해하고 되돌려주는 태도를 말합니다. 아이가 이야기할 때는 눈을 맞추고, 말 중간에 끼어들지 않으며, "그랬구나, 너는 그렇게 느꼈구나"와 같이 감정을 반영해 주는 말들을 사용해 보세요. 이 과정은 아이로 하여금 '나는 존중받고 있다'는 감정을 느끼게 하며, 부모를 신뢰할 수 있는 대화 상대로 인식하게 만듭니다.

· 비난 대신 공감으로 말하기

아이의 실수나 문제 행동을 지적할 때, "왜 그랬어?"처럼 추궁하는 질문보다는 "어떤 생각으로 그렇게 했니?"와 같이 아이의 관점을 묻는 표현이 좋습니다. 이러한 언어는 판단을 유보하고 이해하려는 태도를 담고 있어, 아이가 방어적으로 되지 않게 됩니다. 그렇게 아이가 자신의 생각과 감정을 솔직하게 표현할 수 있도록 이끕니다. 공감은 신뢰를 형성하는 가장 강력한 대화 도구입니다.

· 시간과 장소에 대한 배려

대화는 때와 장소가 중요합니다. 아이가 피곤하거나 예민할 때는 중요한 대화를 미루는 것이 현명할 수 있습니다. 하루 중 가족이 함께 모일 수 있는 시간, 예를 들어 저녁 식사 후나 주말 아침 등을 활용해 '정기적인 대화 시간'을 만드는 것도 좋습니다. 이때 집 안의 아늑한 공간이나, 아이가 편안함을 느낄 수 있는 공원 같은 장소도 대화에 도움을 줍니다.

2. 효과적인 훈육 방법

· 긍정적 강화의 힘

심리학자 B.F. 스키너(B.F. Skinner)는 바람직한 행동에 대해 긍정적인 피드백을 제공하면 그 행동이 반복된다고 보았습니다. 예를 들어, "스스로 방을 잘 정리했구나, 네가 자랑스러워"처럼 즉각적이고 구체적인 칭찬은 아이에게 자존감을 심어 주고, 좋은 행동을 반복하도록 유도합니다. 칭찬은 지나치게 형식적이기보다는, 행동의 맥락을 구체적으로 언급하는 것이 더욱 효과적입니다.

· 자연적인 결과 경험하기

아이의 행동이 초래한 자연스러운 결과를 경험하게 하는 것도 훈육의 좋은 방법입니다. 예를 들어, 숙제를 하지 않아서 낮은 점수를 받는 경험은 단순히 혼나는 것보다 훨씬 강력한 교훈을 줍니다. 다만 이러한 경험이 아이의 자존감을 훼손하지 않도록, 안전한 환경에서 이루어지고, 그 후의 대화를 통해 책임감을 배우도록 도와줘야 합니다.

· 명확한 규칙과 부모 간의 일관성

아이와 함께 생활 속 규칙을 만들어 가며, 규칙을 어겼을 때 어떤 결과가 따르는지를 미리 이야기해 주세요. 이때 부모 간의 기준이 다르면 아이는 혼란을 느끼게 됩니다. 그러므로 부부가 사전에 충분히 협의하고, 일관된 기준을 유지하는 것이 중요합니다. 부모가 한목소리를 낼 때, 아이는 세상에 대한 예측 가능성을 배우고 심리적 안정감을 얻게 됩니다.

3. 자존감과 자긍심을 키우는 양육 방법

· 자율성을 존중하는 태도

에드워드 데시(Edward Deci)와 리처드 라이언(Richard Ryan)의 자기결정이론에 따르면, 아이가 스스로 선택하고 결정할 수 있다고 느낄 때 더 높은 자존감과 내적 동기를 갖게 됩니다. 일상의 작은 결정, 예를 들어 "오늘은 독서를 할까? 그림을 그릴까?" 같은 선택지를 제공함으로써 아이가 자기 삶의 주도자임을 느끼게 해 주세요.

· 강점을 중심으로 양육하기

아이의 부족한 점에 초점을 맞추기보다는, 잘하는 부분을 발견하고 그 것을 성장의 씨앗으로 삼는 것이 훨씬 효과적입니다. 예를 들어, "수학은 아직 어렵겠지만, 네가 그림을 참 잘 그리네. 이 재능을 더 키워 보자"와 같이 말한다면, 아이는 자신이 부족하다고 느끼는 분야에서 좌절하지 않고 자신 있는 영역을 통해 성취감을 느낄 수 있습니다.

· 실패에 대한 긍정적인 관점 제공

실패는 피할 수 없는 성장의 일부입니다. 이때 "왜 이렇게 못했니?"가 아니라, "결과가 좋진 않았지만, 다음에는 더 잘할 수 있도록 도와줄게"라는 말은 아이가 실패를 부끄럽게 여기지 않고, 그것을 경험의 일부로 받아들이도록 도와줍니다. 부모의 실패에 대한 태도는 아이의 성장 방식에 큰 영향을 미칩니다.

4. 부모의 역할 분담

아이 양육에서 부모가 함께 참여하는 것이 기본이지만, 상황에 따라 아이와 더 가까운 부모가 먼저 문제를 다루는 것이 효과적일 수 있습니다. 그 후에 부부가 함께 문제를 조율하고 방향을 맞추는 방식은 아이에게 신

    공부보다 먼저, 부모가 가르쳐야 할 것

뢰와 안정감을 줍니다. 또한 각 부모가 자신만의 방식으로 아이와 관계를 맺는 것도 아이에게 다양한 시각을 접하게 해 주는 교육적 기회가 될 수 있습니다. 단, 중심 가치나 규칙은 반드시 일관되게 유지되어야 합니다.

5. 과학적 연구가 보여 주는 대화의 힘

하버드 성인발달연구(Harvard Study of Adult Development)는 부모와의 안정적인 유대관계가 아이의 장기적인 행복과 성공에 큰 영향을 미친다는 사실을 밝혀냈습니다. 또한, 스탠퍼드의 마시멜로 실험(Stanford Marshmallow Experiment)은 자기 통제를 익힌 아이들이 이후 더 나은 학업 성과와 사회적 관계를 형성한다는 결과를 보여 줬습니다. 이처럼 어린 시절의 대화와 훈육은 단순한 양육을 넘어, 아이의 미래 전반에 영향을 미치는 핵심적인 요소입니다.

좋은 부모란 완벽한 사람이 아니라, 아이의 삶에 따뜻하게 참여하고 꾸준히 성장하는 사람입니다. 아이는 우리가 말하는 대로 성장하지 않고, 우리가 행동하는 대로 배웁니다. 적극적으로 들어 주고, 감정에 공감하며, 실패를 격려하고, 가능한 선택지를 열어 주는 그런 대화와 태도가 결국 아이의 자아를 단단하게 키우는 밑거름이 됩니다. 관계는 한순간의 훈육이나 칭찬이 아닌, 매일의 작은 대화 속에서 만들어지는 것임을 기억해 주세요.

13장 말 없는 아이의 자기표현 방법

말이 적은 아이를 보면 많은 부모가 "성격이 소극적이어서 그렇다"거나 "표현력이 부족하다"고 생각하지만, 실제로는 감정을 말로 드러내는 것이 낯설거나 두려워서일 때가 많습니다. 아이의 침묵은 단순한 무표현이 아니라, 마음속에서 감정을 정리하고 있는 조용한 시간일 수 있습니다. 이럴 때 부모가 해야 할 일은 "왜 말을 안 하니?"라는 다그침이 아니라, 말하지 않아도 괜찮다는 안정감을 주는 것입니다. 아이가 스스로 마음을 꺼낼 준비가 될 때까지 기다리면서, 그림, 글쓰기, 음악, 놀이 등 다양한 표현 방법을 열어 주세요. 말이 아니어도 감정을 표현할 수 있다는 믿음을 주면, 아이는 점차 자신의 속도로 마음을 이야기하기 시작합니다.

말이 적은 아이를 위한 표현력 향상 전략

말이 적은 아이에게는 '많이 말하게 하는 것'보다 감정을 표현할 수 있는 다양한 통로를 열어 주는 것이 먼저입니다. 말 대신 그림, 일기, 감정 카드, 역할 놀이를 통해 마음을 드러내게 해 주세요. 아이에게 말은 마지막 표현 수단일 수 있습니다. 대신 그림, 표정, 몸짓, 놀이, 음악이 아이의 또 다른 언어가 됩니다. 무엇보다 중요한 것은 부모의 세심한 관찰과 공감입니다. 아이의 그림 색감, 조용한 행동, 짧은 혼잣말. 이 모든 것이 '아이의 말'일 수 있습니다. 그 신호를 놓치지 않고 "이렇게 느꼈구나"라고 반응해 주는 것이 표현력의 첫걸음입니다.

 공부보다 먼저, 부모가 가르쳐야 할 것

또한 감정을 세밀하게 표현할 수 있는 감정 단어를 함께 익히세요. "화났어"보다 "속상해", "답답해", "섭섭해"처럼 구체적인 단어를 익히면 아이는 자신의 감정을 정확히 인식하고 표현할 수 있습니다. "기분이 나빴구나. 속상했을까?"처럼 감정을 짚어 주는 대화를 자주 나누면 자연스럽게 언어가 자랍니다. 책 속 인물의 감정을 함께 이야기하는 것도 좋은 방법입니다. 대화할 때는 단계적인 질문으로 시작하세요. "오늘 재밌는 일 있었어?" 같은 짧은 질문에서 "무엇이 가장 재밌었어?"로 점차 확장해 보세요. 아이가 짧게 대답해도 "그랬구나", "재밌었겠다"처럼 따뜻하게 반응해 주는 것이 중요합니다. 이 반복 속에서 아이는 "내 이야기를 해도 괜찮구나"라는 신뢰감을 얻게 됩니다.

표현 습관을 키우는 일상 활동

아이의 감정은 말로 하지 않는다고 사라지지 않습니다. 오히려 속에 쌓여 마음의 짐이 될 수 있기에, 감정을 표현할 수 있는 일상 습관을 만들어 주는 것이 중요합니다. 말로 표현이 어려운 아이에게는 감정 일기나 그림 일기가 좋은 출발점입니다. "오늘은 친구랑 놀아서 기뻤다", "엄마가 화내서 속상했다"처럼 짧은 문장을 쓰거나, 그림으로 오늘의 기분을 표현하게 해 보세요. 그림을 다 그린 뒤 "이건 어떤 기분일 때 그렸어?", "이 색을 고른 이유가 있을까?"라고 물으면, 자연스럽게 대화로 이어질 수 있습니다.

또 다른 방법은 역할극 놀이입니다. 인형극, 가게 놀이, 가족 역할 바꾸기 같은 활동은 감정과 언어를 안전하게 탐색할 수 있는 공간이 됩니다. 이 과정에서 아이는 "말하는 건 감정을 나누는 일"임을 배우게 됩니다. 무엇보다 중요한 건 결과보다 시도 자체를 인정해 주는 태도입니다. "말해 줘서 고마워", "네 이야기 들으니 나도 기뻤어" 같은 말은 아이에게 "내 감정은 소중하고, 표현해도 괜찮아"라는 자신감을 심어 줍니다.

자기 표현력 향상을 위한 외부 프로그램

말보다 행동이 먼저 나오는 아이에게는 "말해 봐"라는 요구가 오히려 부담이 될 수 있습니다. 이럴 땐 비언어적 표현 활동으로 마음을 자연스럽게 꺼낼 수 있도록 도와주세요. 예를 들어 미술 치료는 아이가 감정을 색과 선으로 표현하게 해 주는 좋은 방법입니다. "무엇을 느꼈니?"보다 "무엇을 그리고 싶니?"라고 묻는 것이 훨씬 효과적입니다. 연극이나 스토리텔링 활동은 아이가 다른 인물의 입을 빌려 자신의 감정을 표현할 기회를 줍니다. 인형극 속 "나는 속상해!"라는 대사가 아이의 내면을 해방시키는 통로가 되기도 합니다.

또한 소그룹 활동은 말수가 적은 아이에게 도움이 됩니다. 몇 명의 친구와 함께 과제를 하며 자연스럽게 의견을 나누는 과정에서 "말"이 협력의 도구임을 배우게 됩니다. 음악과 춤 활동 역시 감정을 몸으로 표현하게 해 주는 훌륭한 방법입니다. 아이가 리듬에 맞춰 노래하거나 움직이는 동안, 언어로 표현하기 어려운 감정이 해소됩니다. 이 모든 활동의 핵심은 "말하지 않아도 괜찮아"라는 메시지입니다. 아이가 스스로 마음을 꺼낼 수 있도록 기다려 주는 환경이 중요합니다. 여기에 감정 카드나 스티커 활동을 활용하면 감정을 인식하고 이름 붙이는 연습을 도울 수 있습니다. "오늘은 어떤 기분이야?"라고 물으며 그림이나 스티커를 고르게 해 보

 공부보다 먼저, 부모가 가르쳐야 할 것

세요.

또, 질문 놀이도 좋습니다. "왜 말 안 해?"보다 "오늘 재밌었던 일은 뭐야?"처럼 가벼운 질문부터 시작해, "비 오는 날엔 어떤 기분이 들어?"처럼 감정을 묻는 질문으로 확장해 보세요. 감정 표현을 주제로 한 책이나 애니메이션을 함께 보고 인물의 감정을 이야기하는 것도 공감 능력과 표현력을 길러 줍니다. 마지막으로 말하기 롤 모델을 함께 관찰해 표정이나 말투를 따라 해 보게 하세요.

형제·자매가 서로 다른 성향일 때

형제나 자매가 서로 다른 성향을 가지고 있을 때, 부모가 기억해야 할 가장 중요한 원칙은 '공평함이란 똑같이 대하는 것이 아니라, 다르게 이해하는 것'입니다. 조용하고 내성적인 아이에게는 낯선 환경이 스트레스가 될 수 있으므로 익숙한 공간에서 안정감을 주며, 서서히 외부 활동을 넓혀 주는 접근이 좋습니다. 반면 활발하고 외향적인 아이는 정적인 시간이 답답하게 느껴지므로 에너지를 발산할 수 있는 활동을 충분히 제공하되, 집중과 차분함을 익히는 짧은 시간도 함께 만들어 주세요.

감정 표현 방식에서도 차이를 존중해야 합니다. 조용한 아이에게는 기다려 주는 인내심, 활발한 아이에게는 감정을 언어로 다듬는 훈련이 필요합니다. 또한 '같이 있는 시간의 양'보다 각자의 시간을 존중하는 태도가 더 중요합니다. 조용한 아이에게는 혼자 있는 시간이 회복의 시간이고, 활발한 아이에게는 사람과 어울리는 시간이 에너지를 채우는 시간입니다. 부모는 두 아이의 다름을 비교하지 말고, 각자의 기질이 서로에게 긍정적인 영향을 줄 수 있도록 연결해 주는 역할을 해야 합니다. 그렇게 자란 형제자매는 서로의 차이를 이해하고, 세상 속에서도 다양한 사람을 존중할 줄 아는 아이로 성장합니다.

14장 능동적인 아이로 키우기

아이를 능동적인 사람으로 키우기 위해서는 단순히 아이의 행동을 통제하거나 결과 중심의 교육을 반복하기보다는, 그들이 스스로 사고하고 선택하며 행동할 수 있도록 돕는 환경과 일관된 양육 태도가 바탕이 되어야 합니다. 능동성은 타고나는 기질이라기보다는 후천적으로 길러질 수 있는 성향입니다. 아이가 자신의 삶에 주도적으로 참여할 수 있도록 하기 위해, 부모는 아래와 같은 방향에서 실질적인 노력을 기울일 수 있습니다.

자율성과 선택권을 주는 일상 만들기

아이에게 자율성과 선택권을 준다는 것은 단순히 "이걸 할래, 저걸 할래?"처럼 제한된 선택지를 주는 것이 아닙니다. 진짜 선택은 아이가 스스로 생각하고 결정하는 경험에서 시작됩니다. 오늘 입을 옷을 고르거나, 읽고 싶은 책을 선택하거나, 방과 후 시간을 계획하는 일처럼 사소해 보이는 순간들이 아이에게는 '나는 내 삶을 스스로 이끌 수 있다'는 자기 효능감을 키워 주는 기회입니다. 물론 모든 선택이 성공적일 순 없습니다. 하지만 실패 또한 중요한 배움의 과정입니다. 얇은 옷을 입고 추위를 느꼈다면, 그 경험이 스스로 판단력을 배우는 계기가 됩니다.

이때 "봐, 내가 말했잖아."보다는 "이 선택은 어땠어?", "다음엔 어떻게 해 보고 싶어?"처럼 질문으로 대화를 이어 가 보세요. 이런 방식이 아이의 성찰력과 책임감을 길러 줍니다. 부모는 정답을 알려 주는 사람이 아니라, 생각을 정리하도록 도와주는 조력자입니다. 아이가 비효율적인 선택을 하더라도 즉시 개입하지 말고, 결과를 직접 경험하도록 기다려 주세요. 단, 위험한 상황만큼은 부모가 안전하게 이끌 필요가 있습니다. 그 외의 일상에서는 믿고 기다리는 여유가 아이의 자율성을 자라게 합니다.

작은 목표 설정과 성취의 경험을 통해 자기 효능감 키우기

아이에게 "나는 할 수 있다"는 믿음을 심어 주는 것은 모든 성장의 출발점입니다. 이 믿음, 즉 자기 효능감이 생겨야 아이는 새로운 일에 도전하고, 실패해도 다시 일어설 수 있습니다. 그러나 이 힘은 단순한 칭찬으로 만들어지지 않습니다. 스스로 세운 작은 목표를 이루어 본 경험이 쌓일 때 자연스럽게 자랍니다. 예를 들어,

> "책 한 권 다 읽기"
> "하루 15분 방 청소하기"
> "주말에 동생 돌봐주기"

부모는 결과보다 과정을 인정하는 태도를 보여야 합니다. 아이가 중간에 힘들어할 때는 "그래도 여기까지 해 온 게 대단해."처럼 노력 자체를 칭찬해 주세요. 이런 말 한마디가 아이에게 "나는 도전할 만한 사람이야."라는 믿음을 심어 줍니다.

목표를 이뤘다면, "끝까지 포기하지 않고 해냈구나."처럼 끈기와 과정의 의미를 강조하는 칭찬이 중요합니다. 이렇게 작은 성공이 쌓일수록

    공부보다 먼저, 부모가 가르쳐야 할 것

아이는 자신을 '해낼 수 있는 사람'으로 인식하게 됩니다. 이 경험이 바로 내면의 자신감이 되어, 앞으로 어떤 도전 앞에서도 흔들리지 않는 힘이 됩니다.

문제 상황에서 스스로 해답을 찾는 힘 기르기

능동적인 아이는 단순히 활발한 아이가 아니라, 문제를 마주했을 때 스스로 생각하고 해답을 찾으려는 아이입니다. 이 힘은 타고나는 것이 아니라, 부모의 대화 방식과 태도로 충분히 길러질 수 있습니다. 예를 들어, 아이가 친구와 다투고 속상해할 때 바로 "그럴 땐 이렇게 해야지"라고 해결책을 주기보다, 먼저 "속상했겠구나", "그때 기분이 어땠어?"처럼 감정을 공감해 주는 말을 해 보세요. 감정이 안정되면 "네가 어떻게 하면 좋을까?", "그 친구 입장에서는 어땠을까?"와 같은 열린 질문을 던져 보는 것이 좋습니다. 이런 대화가 아이에게 스스로 사고하고 선택하는 힘을 길러 줍니다.

이 과정에서 가장 중요한 것은 부모의 기다림입니다. 아이가 곧바로 답을 내지 못하더라도 조급해하지 말고, 생각을 정리할 시간을 주세요. 만약 방향을 전혀 잡지 못할 땐 "이렇게 해"보다는 "이런 방법도 있을 것 같은데, 너는 어떻게 생각해?"처럼 선택권을 남겨 주는 조언이 효과적입니다. 이런 대화가 반복되면, 아이는 점점 스스로 판단하고 문제를 해결하는 자신감을 얻게 됩니다. 이 능력은 단순히 어릴 때의 갈등 해결에 그치지 않고, 삶의 위기 속에서도 스스로 길을 찾아가는 내적 힘으로 자라납니다.

실패를 배우는 기회로 만들기

아이에게 실패는 두려움이 아닌 성장의 과정으로 느껴지게 하는 것이 중요합니다. 아이가 실수하거나 시험을 망쳤을 때 "왜 이렇게 못했니?"보다는 "그래도 시도했잖아. 그게 얼마나 용기 있는 일인지 알아?"처럼 노력과 용기를 인정하는 말을 건네주세요. 이런 말 한마디가 아이의 마음에 "나는 다시 해 볼 수 있는 사람이야"라는 믿음을 심어 줍니다.

"결과는 아쉽지만, 네가 열심히 준비한 걸 알고 있어."처럼 과정을 구체적으로 칭찬하고, "이번 일로 어떤 점을 배웠을까?"라고 물어 아이가 스스로 의미를 찾게 도와주세요. 실패의 순간에 부모가 조급하거나 실망한 모습을 보이면, 아이는 실패를 '끝'으로 받아들입니다. 반대로 "이건 하나의 시도였어. 다음엔 더 좋은 방법이 있을 거야."라고 말하면, 실패는 아이에게 '다음으로 나아가는 발판'이 됩니다.

모범이 되어 주는 부모의 태도

아이의 자신감과 자율성은 부모의 태도에서 시작됩니다. 아이가 식탁을 정리하거나, 스스로 책을 꺼내 읽는 작은 행동 하나도 성장의 중요한 신호입니다. 그때 "결과는 중요하지 않아. 네가 스스로 해 봤다는 게 정말 대단해."라는 한마디는 아이 마음속에 '나는 할 수 있다'는 믿음을 심어 줍니다. 반대로 "왜 그렇게 했어?", "다른 애들은 잘만 하던데?" 같은 말은 아이의 의욕을 꺾고, 시도를 두려워하게 만듭니다.

부모가 완벽한 결과보다 '시도한 용기'를 칭찬할 때, 아이는 실패를 두려

   공부보다 먼저, 부모가 가르쳐야 할 것

워하지 않고 스스로 해결하려는 태도를 갖게 됩니다. 무엇보다 중요한 것은 기다려 주는 인내심입니다. 아이가 시행착오를 겪더라도 바로 개입하지 말고, 스스로 해 볼 시간을 주세요. 그 과정을 존중하고 믿어 주는 태도가 아이에게 "나는 해낼 수 있는 사람"이라는 감각을 심어 줍니다.

격려와 긍정적인 피드백의 힘

아이들은 자신의 노력이 인정받을 때 가장 크게 성장합니다. 어른 눈에는 작은 일이라도, 아이에게는 세상과 마주 서는 용기 있는 도전일 수 있습니다. 혼자 양말을 신거나, 서툴게 책상을 정리하거나, 먼저 인사하는 일. 이런 행동이 바로 아이의 능동성과 자존감의 출발점입니다. 이때 부모가 "네가 스스로 해 보려 한 게 정말 멋지다.", "결과보다 시도한 게 훨씬 중요해."라고 말해 주면, 아이는 '나는 할 수 있는 사람'이라는 믿음을 갖게 됩니다. 이런 긍정적 피드백이 쌓이면 아이는 실패해도 쉽게 무너지지 않고, 스스로 다시 도전할 힘을 얻습니다.

반대로 "왜 그렇게밖에 못했어?", "다른 애들은 잘하던데?" 같은 말은 아이의 마음을 닫게 합니다. 비교나 지적은 의욕을 꺾고, 자신을 부족한 존재로 느끼게 합니다. 중요한 것은 완벽한 결과가 아니라, 스스로 선택하고 행동한 마음을 존중하는 것입니다. 부모는 평가자가 아닌 따뜻한 응원자로 곁에 있어야 합니다.

다양한 경험을 통한 자기 주도적 참여 기회 제공

아이의 능동성과 자기 주도성은 다양한 경험 속에서 자라납니다. 아이는 아직 세상을 잘 모르기 때문에, 여러 활동을 경험하며 자신에게 맞는 것을 찾아갈 시간이 필요합니다. 책을 읽는 조용한 시간, 몸을 움직이는 운동, 감정을 표현하는 예술, 친구를 돕는 봉사, 자연 속 체험 활동 등 정적·역동적 경험을 고루 접하게 해 주세요. 이런 폭넓은 경험은 아이가 세상을 입체적으로 보고, 그 안에서 자신만의 흥미와 호기심을 발견하도록 돕습니다. 하지만 중요한 것은 '경험의 양'이 아니라 '그 속에서 아이가 스스로 의미를 느끼는가'입니다.

부모가 시켜서 하는 활동보다, 아이가 흥미를 느끼고 주도적으로 참여할 때 진짜 성장이 일어납니다. 아이가 몰입하는 순간과 반짝이는 눈빛을 발견했다면, 그 방향으로 한 걸음 더 나아가도록 자연스럽게 격려해 주세요. 새로운 일을 시도할 때 아이는 두려움을 느낄 수 있습니다. 이럴 때 "그냥 해 봐"보다는 "처음엔 누구나 서툴지만, 좋아하면 점점 잘하게 돼", "엄마가 옆에 있을게" 같은 공감과 지지의 말이 필요합니다. 부모의 믿음과 응원은 아이에게 도전을 두려워하지 않는 안전망이 됩니다.

능동성을 기르기 위한 일관된 지지

아이의 능동성은 하루아침에 자라지 않습니다. 다양한 경험 속에서 아이는 자신이 좋아하는 일, 잘할 수 있는 일, 몰입할 수 있는 순간을 발견하며 조금씩 성장합니다. 부모가 해 줄 수 있는 가장 큰 도움은 스스로 선택하고 참여할 기회를 꾸준히 주는 것입니다. 책 읽기, 운동, 미술, 음악, 봉사활동 등 여러 활동을 통해 아이는 사고력·표현력·사회성을 함께 키워 갑니다. 중요한 것은 경험의 양보다 그 속에서 아이가 얼마나 주도적으로

 공부보다 먼저, 부모가 가르쳐야 할 것

몰입했는가입니다.

　부모가 대신 정해 주는 대신, 아이가 직접 선택하게 하세요. 그리고 실수했을 때는 "괜찮아, 다음엔 더 잘할 수 있을 거야"처럼 결과보다 과정을 응원하는 말이 필요합니다. 부모의 태도는 말보다 강한 메시지입니다. 아이가 선택한 일을 존중하고 함께 의미를 찾아갈 때, 아이는 "내가 하는 일이 소중하다"는 자기 확신과 자기 효능감을 갖게 됩니다.

아이에게 공부는 '해야 하는 일'이 아니라, 삶의 자연스러운 일부로 느껴져야 합니다. "공부해라"라는 말보다 중요한 것은, 아이가 스스로 흥미를 느끼고 몰입할 수 있는 환경을 만들어 주는 일입니다. 아이마다 호기심의 방향이 다르기 때문에, 부모는 그 불씨를 발견하고 이어 주는 관찰자가 되어야 합니다. 공부를 즐기게 하려면 먼저 공간과 시간의 안정감이 필요합니다. 조용하고 정돈된 공부 공간, 그리고 매일 비슷한 시간에 공부하는 루틴이 집중력을 높입니다.

어지럽거나 불규칙한 환경에서는 마음이 쉽게 산만해지지만, 일정한 공간과 시간 속에서는 자연스럽게 몰입하는 습관이 생깁니다. 무엇보다 "공부 좀 해라"보다는 조용히 옆에서 함께해 주는 태도가 훨씬 큰 동기 부여가 됩니다. 또한, 아이가 심리적으로 안정된 상태에서 공부할 수 있도록 정서적 안전감을 주세요. 실수했을 때 "괜찮아, 다시 해 보자"라고 다정하게 말해 주고, 결과보다 노력과 과정을 인정해야 합니다. 부모의 표정과 말투 하나가 아이의 마음을 크게 움직입니다. 아이가 "공부는 안전하고 즐거운 일"이라고 느낄 때, 비로소 스스로 배우고 싶은 마음이 자랍니다.

아이에게 공부의 흥미를 붙이게 하기 위해서는 작고 구체적인 목표부터 시작해야 합니다. "이번 주 영어 단어 20개 외우기", "책 한 권 끝내기"처럼 달성 가능한 목표와 명확한 보상을 함께 정하면, 아이는 스스로 동기를 느끼며 공부에 참여하게 됩니다. 단, "잘했어"보다 "며칠 동안 꾸준히 했구나", "처음보다 많이 늘었네"처럼 과정 중심의 칭찬을 해 주세요. 이런 피드백은 아이에게 "나는 해낼 수 있어"라는 자기 효능감을 심어 줍니다.

공부는 단순히 책상 앞에서 하는 일이 아니라, 아이의 흥미와 일상을 잇는 경험이어야 합니다. 미술을 좋아한다면 역사 속 작품으로 인물을 배우고, 그림으로 어휘를 익히게 해 보세요. 스포츠를 좋아한다면 점수를 계산하며 수학을 익히거나, 좋아하는 선수 인터뷰로 독해력을 높일 수 있습니다. 이렇게 관심사와 배움을 연결하면 공부는 더 이상 '해야 하는 일'이 아니라 '하고 싶은 일'이 됩니다. 또한 아이가 공부의 즐거움을 스스로 느낄 수 있도록 놀이형 학습을 활용해 보세요. 가족 퀴즈, 보드게임, 카드 단어 게임 등은 자연스럽게 학습을 즐거움으로 바꿔 줍니다. 이때 부모는 평가자가 아닌 동반자가 되어야 합니다. 기다려 주고, 인정하며, 작은 성취를 함께 기뻐하는 태도가 아이의 자발적 배움을 이끕니다.

아이에게 공부의 즐거움을 알려 주려면 대화와 체험이 함께하는 배움의 환경을 만들어 주는 것이 좋습니다. 다양한 책을 함께 읽고 "이 장면에서 주인공은 왜 이렇게 했을까?"처럼 질문을 던져 보세요. 이런 대화는 아이가 스스로 사고하고 말하는 힘을 기르는 데 도움이 됩니다. 그리고 결과보다 시도와 과정에 대한 칭찬을 아끼지 마세요. "오늘도 스스로 책을 펼쳤구나", "실패했지만 해 보려는 마음이 멋지다" 같은 말은 아이에게 "나는 할 수 있어"라는 믿음을 심어 줍니다.

특히 활동적인 아이는 움직이면서 배우는 방식이 효과적입니다. '문제 한 개 풀고 줄넘기 10번 하기', '1분 안에 문제 풀기'처럼 놀이와 경쟁을 결합하면 집중력이 높아집니다. 단, 경쟁의 목적은 이기는 것이 아니라 참여의 즐거움을 느끼게 하는 데 있습니다. 또한 스스로 계획을 세우는 습관을 길러 주세요. 함께 학습 계획표를 만들고, 아이가 직접 체크하며 진도를 관리하도록 하면 책임감과 자기조절력이 자랍니다. 공부는 교실 안에서만 일어나는 것이 아닙니다. 박물관, 과학관, 도서관, 체험 활동 등 다양한 경험을 통해 아이는 세상 속에서 배움을 발견하고, "공부는 재미있는 일"이라는 인식을 갖게 됩니다.

무엇보다 중요한 것은, 공부를 강요의 대상이 아닌 즐거운 과정으로 느끼게 하는 것입니다. 어른은 아이의 학습 여정에 조언자가 아니라 응원자로 함께 서야 합니다. 아이의 작은 시도에도 "해 보려는 마음이 멋지다", "오늘도 열심히 했구나" 같은 따뜻한 말로 지지해 주세요. 이런 관계 속에서 공부는 더 이상 '성적을 위한 일'이 아니라, 자신을 알아가고 성장하는 여정이 됩니다.

Ⅳ. 다중지능과 미래 대비

16장 유대인 교육 따라 하기

유대인의 교육은 단순히 공부를 '잘하는 법'을 가르치는 것이 아니라, 스스로 생각하고 세상을 이해하는 힘을 기르는 데 목적이 있습니다. 유대인에게 배움은 선택이 아니라 삶의 의무이자 신성한 행위로 여겨집니다. 배우는 일은 자신을 성장시키고, 공동체를 더 나은 방향으로 이끄는 실천이기 때문입니다. 그래서 그들의 학습은 교실 안에서만이 아니라 삶 전체 속에서 이루어지는 배움입니다. 유대인 부모는 아이가 어릴 때부터 자유롭게 질문할 수 있는 환경을 만들어 줍니다. "왜 그럴까?", "어떻게 그런 결과가 나왔을까?" 같은 질문을 자연스럽게 던지고, 아이의 생각을 존중하며 대화합니다. 이런 과정 속에서 아이는 정답을 외우는 학생이 아니라, 세상을 탐색하고 해석할 줄 아는 사람으로 자랍니다.

특히 유대인 가정에서는 책이 단순한 학습 도구가 아니라 삶을 비추는 빛으로 여겨집니다. 《토라》를 처음 읽을 때 꿀을 발라 주는 전통은 "배움은 달콤하다"는 감각을 심어 주는 상징입니다. 즉, 배움은 '해야 하는 일'이 아니라 '즐겁고 알고 싶은 일'로 시작됩니다. 이런 배움의 태도가 아이에게 생각하는 즐거움, 대화의 힘, 평생 학습의 습관을 심어 줍니다. 유대인 교육의 핵심은 지식의 양보다 배움에 대한 태도와 감정에 있습니다. 공부는 '해야 하는 일'이 아니라 즐겁고 의미 있는 경험이어야 한다는 것이죠. 그래서 어릴 때부터 아이가 자유롭게 질문하고, 스스로 생각하도록 돕습니다. "왜 그럴까?", "어떻게 된 걸까?" 같은 질문이 나올 때, 부모는 바로 정답을 주기보다 함께 대화하며 스스로 답을 찾게 합니다. 이 과정 속에서 아이는 단순히 외우는 것을 넘어, 사유하고 비교하고 재해석하는 힘을 기르게 됩니다.

유대인들은 정답을 빨리 찾는 능력보다 사고하고 판단하는 과정을 더 중요하게 여깁니다. 이런 교육은 아이가 성장하면서 비판적 사고력과 창의적 문제 해결력을 기를 수 있는 토대가 됩니다. 그리고 청소년기에 이르면 교육의 초점이 개인의 지식에서 공동체와 사회에 기여하는 책임감으로 옮겨갑니다. 만 13세에 치르는 '바르 미츠바(Bar Mitzvah)'나 '바트 미츠바(Bat Mitzvah)'는 그 상징적인 순간입니다. 이 의식을 통해 아이는 독립된 존재로서의 자각과 공동체의 일원으로서의 책임을 배우게 됩니다. 유대인의 교육은 아이가 성장할수록 깊이 있는 사고와 대화 중심의 학습으로 발전합니다. 그 대표적인 예가 《탈무드》 공부입니다. 아이들은 단순히 글을 읽는 데서 그치지 않고, "왜 이렇게 쓰였을까?", "이 말은 지금의 삶과 어떤 관련이 있을까?"를 묻습니다. 이러한 공부는 '헤브루타(Havruta)'라는 짝토론 학습법을 통해 이루어집니다. 두 사람이 짝을 이뤄 질문하고 반박하며 배우는 방식으로, 때로는 의견이 부딪히기도 하지만 그 속에서 아이는 논리력, 사고력, 공감 능력을 함께 키워 갑니다. 즉, 유대인의 배움은 혼자 외우는 공부가 아니라, 함께 성장하는 사고의 훈련입

　　　　　　　　　　공부보다 먼저, 부모가 가르쳐야 할 것

니다.

　또한 유대인 교육은 배움을 개인의 성공 수단이 아닌 공동체의 책임 있는 행위로 여깁니다. "공부는 나를 위한 것이 아니라 세상을 더 나은 곳으로 만드는 힘"이라는 인식이 자연스럽게 자리 잡고 있죠. 그래서 아이들은 지식을 단순히 외우는 데서 멈추지 않고, 그것을 현실 속에서 적용하고 변화를 만들어 내는 힘으로 발전시킵니다. 공부는 시험을 위한 준비가 아니라, 삶을 이해하고 세상에 기여하는 과정으로 받아들여집니다. 유대인의 교육의 핵심은 질문하고 토론하는 문화에 있습니다. 아이들은 어릴 때부터 "왜 그럴까?", "이건 무슨 뜻일까?"를 스스로 묻고 생각하며 자랍니다. 정답을 외우는 대신 질문을 이어 가며 사고의 깊이를 넓히는 것이죠. 이런 과정 속에서 아이들은 논리적인 사고력과 자기 성찰의 힘을 함께 키워 갑니다. 책을 읽을 때도 단순히 내용을 암기하지 않고, 의미를 해석하고 다시 질문하는 습관을 기르며 평생 배우는 태도를 내면화합니다.

　유대인 교육은 또한 실패를 배움의 일부로 받아들이는 문화를 가지고 있습니다. 잘못된 답을 두려워하기보다, 그것을 다시 질문할 기회로 봅니다. 덕분에 아이들은 실수를 무서워하지 않고, 도전과 시도를 멈추지 않는 회복 탄력성을 갖게 됩니다. 공부의 목적은 '잘하는 것'이 아니라 '깊이 생각하는 것'으로 바뀝니다. 결국 유대인의 교육은 "어떻게 공부할까"가 아니라 "어떻게 살아갈까"를 묻는 교육입니다. 아이들은 배움을 통해 세상과 자신을 이해하고, 삶의 방향을 스스로 찾아가는 힘을 기릅니다. 지식은 도구가 되고, 학습은 습관이 되며, 태도는 아이의 인생을 이끄는 나침반이 됩니다.

유대인 부모들은 아이에게 '무엇을 알아야 하는가'보다, '왜 알아야 하는가', '그 앎이 삶에서 어떤 의미를 가지는가'를 먼저 생각하게 합니다. 이 덕분에 배움은 언제나 목적 있는 행동이 되고, 지식은 방향성과 실천력을 갖춘 힘으로 자라납니다. 유대인에게 교육은 단순한 수단이 아니라 삶 그 자체이자 공동체의 미래를 만드는 일입니다. 그들은 오늘도 스스로에게 묻습니다. "어떻게 살아갈 것인가?" 그 질문에 대한 답을 배움과 실천으로써 내려가고 있습니다.

  공부보다 먼저, 부모가 가르쳐야 할 것

17장 부모와 아이가 실천하는 교육

아이의 적성을 미리 발견하고, 그 적성을 바탕으로 아이가 행복하게 자신의 진로를 설계하고 직업을 선택하며 살아갈 수 있도록 돕기 위해서는 부모와 아이가 함께 꾸준히 노력해야 합니다. 단순히 '공부를 잘하는 아이'를 목표로 하기보다, '자기다운 삶을 주도적으로 선택하고 살아갈 수 있는 사람'으로 성장하도록 이끄는 것이 중요합니다. 이를 위해서는 부모의 세심한 관심과 열린 태도, 그리고 아이의 자발적인 탐색과 책임 있는 자세가 함께 이루어져야 하며, 다음과 같은 구체적인 전략들을 실천할 수 있습니다.

1. 부모가 해야 할 일

부모가 아이의 성장을 돕는 가장 중요한 시작은 관심과 관찰입니다. 아이는 말보다 행동으로 마음을 표현합니다. 놀이에 몰입하거나 특정 활동에 집중하는 순간을 유심히 보면, 그 속에 아이가 진심으로 좋아하고 잘할 수 있는 일이 숨어 있습니다. 부모는 조급해하지 않고 아이의 속도에 맞춰 기다려 주는 태도를 가져야 합니다. 또한 다양한 경험을 제공하는 것도 중요합니다. 스포츠, 예술, 독서, 자연 체험, 여행 등은 단순한 여가가 아니라 아이의 감수성과 창의력을 키우는 성장의 자극제가 됩니다. 이런 경험 속에서 아이가 어떤 자극에 반응하는지 살펴보면, 진로와 적성의 단서를 자연스럽게 발견할 수 있습니다.

　무엇보다 중요한 것은 지지와 격려입니다. 아이가 실수하더라도 "이 경험에서 무엇을 배웠을까?"를 함께 이야기해 보세요. 부모가 아이의 감정을 존중하고 귀 기울여줄 때, 아이는 자신을 믿는 힘과 도전할 용기를 얻게 됩니다. 또한 필요하다면 전문가의 도움을 받는 것도 현명한 선택입니다. 아동 심리나 진로 전문가와 함께 아이의 기질과 성향을 객관적으로 분석하면, 감정이 아닌 데이터 기반의 성장 방향을 세울 수 있습니다.

2. 부모가 준비할 사항

　부모는 먼저 열린 마음을 가져야 합니다. 아이가 선택한 길이 부모가 기대하는 길과 다를 수 있다는 사실을 인정하고, 아이가 자신의 삶을 주체적으로 선택할 수 있도록 응원하는 자세가 필요합니다. 사회적으로 덜 알려지거나 인정받지 못하는 분야라 하더라도, 그 분야에 아이가 진심으로 열정을 느끼고 있다면, 그 선택이 존중받을 수 있도록 도와야 합니다.

　또한 경제적 준비도 중요합니다. 아이가 선택한 분야에서 필요한 교육이나 훈련을 받기 위해서는 재정적인 지원이 필요하며, 이는 단지 학원비나 등록금에 그치지 않고, 진로 탐색 과정에서의 다양한 체험 활동이나 멘토링 프로그램에까지 확장될 수 있습니다. 무엇보다 부모는 좋은 본보기가 되어야 합니다. 부모가 자신의 일을 열정적으로 하고, 끊임없이 배우고 도전하는 모습을 보이면, 아이는 자연스럽게 "배움은 평생 지속되는 가치 있는 일"이라는 인식을 갖게 됩니다. 말보다 행동을 통해 아이에게 더 강력한 메시지를 전달할 수 있습니다.

　　　　　　　　　공부보다 먼저, 부모가 가르쳐야 할 것

3. 아이가 따라와야 할 점

아이 역시 자신의 삶을 위한 준비로서 스스로 탐구하는 태도를 가져야 합니다. 부모가 아무리 다양한 기회를 제공해도, 결국 그것을 자기 것으로 만들고 의미를 부여하는 것은 아이 자신의 몫입니다. 무엇이 재미있고, 무엇이 자신에게 잘 맞는지를 아이 스스로 경험하고 느끼는 과정이 반복될 수 있도록 해야 합니다. 자기 이해 또한 매우 중요한 성장의 요소입니다. 아이가 자신의 강점과 약점을 인식하고, 그에 맞는 목표를 설정하며, 스스로의 선택에 책임을 지는 경험을 통해 자기 주도적인 삶의 자세를 키워 나갈 수 있습니다. 실패 또한 성장의 일부임을 인식하고, 다시 도전하는 긍정적인 태도를 갖도록 이끌어야 합니다.

또한 책임감을 기르는 과정도 필수적입니다. 스스로 선택한 활동이나 과제를 끝까지 완수하고, 중간에 어려움이 있어도 포기하지 않는 태도는 아이가 사회 속에서 자립해 살아가기 위한 중요한 자산이 됩니다. 부모는 과정 중심의 피드백을 통해 아이가 성취감을 느끼도록 돕고, 이는 아이 내면의 자아효능감을 키우는 데 효과적입니다.

4. 실천 방법

보다 구체적인 실천 방법으로는 체험 학습이 있습니다. 진로 캠프나 직업 체험 프로그램 등은 아이가 특정 분야나 직업에 대해 직접 보고, 듣고, 참여해 보는 기회를 제공하며, 특히 이론보다는 체험 중심의 프로그램이 아이의 진로 감각을 자극하는 데 더 효과적입니다. 책을 함께 읽고 대화하는 시간도 매우 중요합니다. 다양한 직업과 삶의 이야기를 담은 책을 함께 읽으며, 책 속 인물의 가치관이나 선택에 대해 아이와 이야기 나누는 과정은 아이의 상상력과 사고력을 길러 주고, 진로에 대한 간접 경험의 기회를 제공합니다.

또한 부모의 지인이나 주변 전문가와의 대화를 통해 아이가 현실적인 조언을 들을 수 있는 기회를 마련해 주는 것도 매우 유익합니다. 실질적인 목표를 설정하고 실행하는 경험도 필요합니다. 너무 크고 추상적인 목표보다, 일상에서 실천 가능한 작은 목표들을 설정하고, 그 목표를 달성했을 때는 칭찬이나 보상을 통해 아이가 성취감을 경험할 수 있도록 하는 것이 좋습니다. 이는 아이가 자기 동기화의 기술을 익히고, 장기적인 목표 설정에 익숙해지는 데 기여합니다.

5. 중요한 가치

무엇보다 중요한 것은 아이가 행복하게 살아가는 사람으로 자라는 일이라는 점을 잊지 말아야 합니다. 우리는 종종 아이의 적성이나 사회적 성공을 최우선의 목표로 삼지만, 그보다 더 본질적이고 깊이 있는 가치는 아이가 스스로를 사랑하고, 자신이 하는 일을 진심으로 즐기며 살아갈 수 있도록 돕는 데 있습니다. 단순히 좋은 학교에 진학하거나 좋은 직장을 얻는 것이 인생의 성공이라고 믿기보다는, 아이가 자신의 삶을 주체적으로 선택하고, 그 과정 속에서 의미를 발견하도록 이끌어 주는 것이야말로 부모의 가장 중요한 역할입니다.

결국 중요한 것은 아이가 어떤 결과를 이루었느냐가 아니라, 어떤 과정

     공부보다 먼저, 부모가 가르쳐야 할 것

을 지나왔느냐입니다. 실패를 경험했더라도 그 과정에서 무엇을 배우고 느꼈는지가 더 중요하며, 아이가 시행착오를 겪는 모든 순간은 성장의 밑거름이 됩니다. 부모는 이를 누구보다 먼저 이해해야 하며, 조언만을 주는 존재가 아니라 그 여정을 함께 걷는 동반자로서 존재해야 합니다. 때로는 앞서서 길을 밝혀 주는 등불이 되고, 때로는 조용히 뒤에서 아이를 지켜보며 기다려 주는 인내심도 필요합니다.

아이의 진로를 찾아가는 여정은 결코 단순하거나 매끄럽지 않습니다. 예상치 못한 길로 들어서기도 하고, 때로는 멈춰 서거나 되돌아가야 할 순간도 찾아옵니다. 하지만 그 여정 속에 행복과 의미가 스며들 수 있도록 부모와 아이가 함께 고민하고, 함께 실천해 나간다면, 아이는 결국 자신만의 방식으로 삶의 길을 찾게 되고, 그 길 위에서 당당하고 충만한 사람으로 성장해 나갈 수 있습니다. 그러므로 우리는 언제나 아이의 마음이 향하는 방향을 존중하고, 그 길이 아무리 고단하더라도 기꺼이 함께 걸어갈 준비가 되어 있어야 합니다. 그것이 진정 아이를 향한 사랑의 실천이며, 동시에 교육이 추구해야 할 궁극적인 목적이기도 합니다.

인공지능(AI) 시대를 살아갈 아이들을 위해 우리는 단순한 지식 전달을 넘어, 변화하는 세상에 능동적으로 적응하고 스스로의 미래를 개척할 수 있는 힘을 길러 주는 교육을 고민해야 합니다. 급격한 기술 발전 속에서 아이들이 주체적인 존재로서 자기 삶을 설계할 수 있도록 돕기 위해서는, 초등학생과 중학생 시기부터 다각도에서 교육 방향을 재정비할 필요가 있습니다. 다음은 그에 대한 구체적인 제언입니다.

1. 기본 역량의 탄탄한 기초 다지기

AI 시대에도 결코 흔들려서는 안 될 가장 본질적인 능력은 문해력과 수리력입니다. 책을 읽고, 문장을 이해하고, 자신의 생각을 정리하여 표현하는 능력은 모든 학문의 뿌리이자 사고력의 출발점이 됩니다. 또한 수학적 사고력은 데이터와 알고리즘을 이해하는 데 중요한 기초가 되므로, 단순히 계산을 빠르게 하는 수준을 넘어 문제를 어떻게 접근하고 해석할지를 배우는 경험이 필수적입니다. 아이가 스스로 생각하고 해결책을 찾을 수 있는 문제 해결 능력을 키우는 교육이 중심이 되어야 하며, 정답을 암기하기보다 질문을 던지고 논리적으로 사고하는 습관을 길러 주는 환경이 필요합니다.

2. 디지털 리터러시의 생활화

AI 시대의 아이들은 디지털 환경에 자연스럽게 노출되어 있습니다. 이

  공부보다 먼저, 부모가 가르쳐야 할 것

들에게 단순한 기기 조작을 넘어, 코딩이나 데이터의 기본 개념, 로봇 기
술에 대한 이해는 더 이상 선택이 아니라 기본 소양이 되고 있습니다. 동
시에 기술의 윤리적 사용 역시 중요합니다. 디지털 공간에서 타인을 존중
하고, 개인정보를 보호하며, 사이버 폭력이나 가짜 뉴스로부터 자신을 지
킬 수 있는 윤리의식 또한 함께 가르쳐야 합니다. 아이들이 AI 기술이 무
엇을 할 수 있고, 또 어디까지가 그 한계인지 올바르게 이해할 수 있도록
교육하는 것이 필요합니다.

3. 창의적 사고와 비판적 사고의 균형

앞으로의 시대는 새로운 것을 창조하는 능력, 기존의 틀을 넘어서는 발
상이 중요해집니다. 예술, 음악, 디자인과 같은 창의적 활동을 통해 아이
들은 감성과 상상력을 확장할 수 있으며, 이는 단순한 취미 활동을 넘어
서 창의적 사고의 토대를 마련해 줍니다. 여기에 더해, 비판적 사고 역시
중요합니다. 정보의 양이 폭발적으로 늘어난 시대에는 그 정보를 분석하
고, 진위를 가려내며, 독립적으로 판단할 수 있는 능력이 꼭 필요합니다.
아이들에게 다양한 시각으로 생각해 보는 기회를 제공하고, 스스로 '왜'라
는 질문을 던지는 습관을 기르도록 도와야 합니다.

4. 사회성, 공감 능력, 협업 태도의 강화

AI가 아무리 정교하게 발전하더라도, 사람 간의 관계와 감정을 완전히
대체할 수는 없습니다. 아이들이 타인의 감정을 읽고 이해하며, 서로의
차이를 인정하고 함께 일하는 법을 배우는 것은 기술적 능력 못지않게 중
요합니다. 학교 수업과 가정에서 협력적 프로젝트를 경험하게 하고, 친구

들과의 갈등을 풀어나가는 연습을 통해 공감 능력과 사회적 기술을 자연스럽게 키워 나가야 합니다. 다문화 사회 속에서 다양한 배경을 이해하고 소통할 수 있는 능력도 함께 길러져야 할 중요한 요소입니다.

5. 유연한 사고와 빠른 적응력 기르기

변화는 두려움이 아닌 기회의 씨앗이 될 수 있어야 합니다. 아이들이 새로운 기술이나 환경에 맞닥뜨렸을 때 낯설고 어렵더라도 피하지 않고 도전하는 정신을 갖도록 격려해야 합니다. 실패를 하나의 과정으로 받아들이고, 그 안에서 배움을 찾을 수 있도록 부모와 교사가 일관된 메시지를 주는 것이 필요합니다. 더불어, 단기적인 성과보다 '평생 배움'의 가치를 심어 주는 것도 중요합니다. 아이들이 학교 교육을 마친 이후에도 스스로를 계속 성장시킬 수 있는 힘, 즉 자율적 학습 능력을 갖추도록 길러 주는 것이 핵심입니다.

6. 감성 지능(EQ)의 중요성

AI는 논리적 분석과 계산에서 뛰어난 능력을 보이지만, 인간의 감정을 이해하고 조절하는 능력에서는 여전히 한계를 보입니다. 그렇기에 아이들이 자신이 느끼는 감정을 잘 인식하고, 이를 건강하게 표현하며, 타인의 감정을 세심하게 읽어 내는 훈련이 필요합니다. 감정 조절 능력은 인간관계를 원활하게 하고, 스트레스 상황에서 자기 자신을 돌볼 수 있는 중요한 자원입니다. 이는 단지 '마음이 여린 사람'이 되는 것을 의미하는 것이 아니라, 복잡한 사회 속에서 자신과 타인을 지키며 건강하게 살아가는 힘입니다.

7. 현실 세계와의 연결감 키우기

아이들이 교실 안의 지식만으로 세상을 바라보는 것이 아니라, 실제로 사회 문제나 환경 문제에 관심을 갖고 자신이 할 수 있는 역할을 고민할 수 있도록 해야 합니다. 지역 사회 프로젝트에 참여하거나, 봉사활동, 창업 교육 등 실제 삶과 연결된 경험은 아이들에게 큰 의미를 줍니다. 이러한 활동 속에서 아이는 '나는 이 사회에 영향을 줄 수 있는 존재'라는 자각을 얻게 되고, 이는 자기 효능감과 공동체 의식을 동시에 키우는 밑거름이 됩니다.

8. 개인 맞춤형 교육의 확대

모든 아이가 같은 길을 걸을 필요는 없습니다. 각자의 강점과 흥미를 살펴보고, 그에 맞는 학습 전략을 세워 주는 맞춤형 교육이 점차 중요해지고 있습니다. AI 기반의 학습 플랫폼을 활용하면 아이의 학습 속도와 수준에 맞는 자료를 제공할 수 있으며, 이는 자기주도 학습 능력을 키우는 데 큰 도움이 됩니다. 동시에 교사와 부모는 아이의 성향을 잘 관찰하고, 아이가 무엇에 반응하고 어떤 부분에서 성취감을 느끼는지를 세심하게 살펴야 합니다.

9. 인문학적 사고와 철학적 질문의 가치

기술이 인간의 일자리를 대체하고, 삶의 많은 부분이 자동화되는 시대일수록 우리는 더욱 인간답게 사는 법을 고민해야 합니다. 역사, 철학, 윤리 등 인문학은 인간의 존재 이유와 가치에 대해 질문하게 만들며, 급변하는 세상에서 중심을 잃지 않도록 도와줍니다. 아이들이 단지 효율적이고 유능한 사람이 아니라, 의미 있게 살아가는 존재로 성장할 수 있도록 인문학적 사고를 함께 길러 주는 것이 필요합니다.

10. 실질적이고 현실적인 교육도 병행

미래를 준비하는 데 있어 진로 탐색은 중요한 출발점입니다. 아이들이 다양한 직업 세계에 대해 열린 눈을 가질 수 있도록, 다양한 분야의 사람들과 교류하고 이야기를 듣는 기회를 자주 마련해 주어야 합니다. 또한, 경제에 대한 이해도 필요합니다. 돈의 흐름과 자원의 가치, 소비와 저축, 투자에 대한 기초 개념을 어릴 때부터 자연스럽게 배울 수 있도록 경제 교육도 병행해야 합니다.

무엇보다 중요한 것은 아이가 빠르게 변하는 세상 속에서도 자신감을 잃지 않도록 돕는 것입니다. 요즘처럼 변화가 빠른 시대는 어른에게도 어렵지만, 아이에게는 훨씬 더 크게 느껴집니다. 그래서 부모는 아이가 새로운 환경이나 도전을 두려워하지 않도록 꾸준히 지지하고 믿어 주는 존재가 되어야 합니다. 아이가 실패했을 때는 "괜찮아, 다시 해 보자"라고 말하며 실제로 다시 시도할 수 있는 기회를 만들어 주는 것이 중요합니다. 격려의 말보다 더 큰 힘은, 아이가 "내가 스스로 해냈다"는 경험을 쌓을 수 있게 도와주는 데 있습니다.

이런 경험이 반복될수록 아이는 실패를 두려워하지 않고 도전하는 용기를 배우게 됩니다. 부모의 따뜻한 시선과 지속적인 관심은 단기간의 격려가 아니라, 성장 전 과정에 걸친 정서적 토대가 되어야 합니다. 세상이

     공부보다 먼저, 부모가 가르쳐야 할 것

아무리 바뀌어도 변하지 않는 교육의 본질은 바로 진심 어린 믿음과 지지입니다. 부모가 아이의 길을 대신 걸어 주는 것이 아니라, 그 길 위에서 두려움보다 가능성을 먼저 떠올리게 해 주는 것, 그것이 부모가 줄 수 있는 가장 큰 사랑입니다.

하워드 가드너의 다중지능 이론(Multiple Intelligences Theory)은 "모든 아이는 저마다 다른 방식으로 똑똑하다"는 관점을 제시합니다. 그는 지능을 하나의 숫자(IQ)로만 평가하는 기존의 방식에 의문을 제기했습니다. 아이의 능력은 시험 점수로만 판단될 수 없으며, 누구나 각기 다른 재능과 사고의 형태를 가지고 있다는 것입니다. 가드너는 인간의 지능을 언어·논리·음악·공간·신체·자연탐구·대인관계·자기이해 지능 등 여덟 가지로 구분했습니다. 예를 들어 어떤 아이는 글을 잘 쓰고, 어떤 아이는 사람들과의 소통에 뛰어나며, 또 다른 아이는 그림이나 운동 감각이 탁월할 수 있습니다.

즉, 어떤 아이는 글을 잘 쓰고, 어떤 아이는 음악에 감각이 뛰어나며, 또 어떤 아이는 사람들과 어울리거나 자연을 탐구하는 데 강점을 보일 수 있습니다. 따라서 한 가지 기준으로 아이의 능력을 평가하기보다는, 각자의 고유한 방식으로 배움과 재능을 표현할 수 있도록 돕는 것이 중요합니다. 부모는 "왜 우리 아이는 남들보다 느릴까?"보다는 "우리 아이는 어떤 방식으로 배울 때 가장 즐거워할까?"를 고민해야 합니다. 아이의 강점과 흥미를 발견하고, 그것을 마음껏 펼칠 수 있는 환경을 만들어 주는 것이 부모의 역할입니다. 이런 환경에서 자란 아이는 자신감을 갖고 스스로 배우는 힘을 키워 갑니다.

① 언어지능

말이나 글로 생각을 표현하고 타인의 말을 잘 이해하는 능력입니다. 이 지능이 높은 아이는 이야기하기를 좋아하고, 글쓰기나 말하기에 재능을 보입니다. 작가, 기자, 교사처럼 언어를 통해 소통하는 직업에 적합합니다.

② 논리·수학지능

분석적 사고, 문제 해결력, 수리 감각과 관련이 있습니다. 규칙을 찾거나 퍼즐을 푸는 것을 좋아하는 아이에게서 자주 나타납니다. 과학자, 프로그래머, 엔지니어처럼 논리적 사고가 필요한 분야에서 두각을 드러냅니다.

③ 공간지능

사물을 머릿속으로 시각화하고 구조나 위치를 잘 파악하는 능력입니다. 그림을 잘 그리거나 블록 놀이, 퍼즐에 몰입하는 아이에게서 자주 보입니다. 디자이너, 건축가, 사진작가 등 시각적 감각이 필요한 직업에 어울립니다.

④ 신체·운동지능

몸을 정교하게 움직이고 표현하는 능력입니다. 춤, 운동, 연기 등 몸을 사용하는 활동에서 탁월한 감각을 보입니다. 운동선수, 무용가, 외과 의사처럼 신체 활용이 중요한 직업과 관련이 깊습니다.

⑤ **음악지능**

리듬과 음정, 멜로디를 잘 인식하고 표현하는 능력입니다. 노래 부르기, 악기 연주, 리듬 맞추기를 즐기는 아이에게서 잘 나타납니다. 음악가, 작곡가, 음악 교사 등 감성을 소리로 표현하는 직업에 적합합니다.

⑥ **대인관계지능**

타인의 감정과 생각을 잘 읽고 공감하며 소통하는 능력입니다. 친구 관계가 원만하고 리더십을 발휘하는 아이에게서 자주 보입니다. 교사, 상담사, 협상가처럼 사람 중심의 직업에서 강점을 발휘합니다.

⑦ **자기이해지능**

자신의 감정과 생각을 이해하고 성찰하는 능력입니다. 혼자 생각하거나 일기를 쓰며 감정을 정리하는 아이에게서 잘 나타납니다. 작가, 예술가, 철학자처럼 내면의 세계를 표현하는 직업과 연결됩니다.

⑧ **자연탐구지능**

자연 현상, 동식물, 환경에 대한 이해와 관찰력이 뛰어난 능력입니다. 식물 기르기, 동물 돌보기, 자연 탐구를 좋아하는 아이에게서 보입니다. 과학자, 환경운동가, 농부처럼 자연과 함께 일하는 직업에 어울립니다.

아이의 지능 유형에 맞는 교육 방향을 찾는 것은 아이의 잠재력을 키우는 첫걸음입니다. 예를 들어, 언어지능이 높은 아이는 글쓰기나 발표를 자주 해 보게 하고, 신체운동지능이 뛰어난 아이는 직접 몸으로 배우는 체험형 학습이 효과적입니다. 이렇게 강점을 중심으로 학습 방식을 조정하면, 아이는 "나는 잘할 수 있어"라는 자신감을 가지게 되고, 학습에 대한 흥미와 자존감이 함께 자랍니다. 다중지능 교육의 가장 큰 장점은 아이의 전인적 성장을 돕는다는 점입니다. 단순히 성적을 올리는 공부가 아니라, 감정·사회성·창의력·신체감각 등 아이의 다양한 능력이 함께 발달합니다. 이를 위해 부모는 먼저 아이의 강점을 관찰해야 합니다.

놀이, 대화, 활동 속에서 아이가 몰입하거나 즐거워하는 순간을 눈여겨보세요. 그때마다 음악, 미술, 과학, 글쓰기, 야외 체험 등 다양한 경험을 제공하면, 아이는 스스로 흥미를 발견하고 자신의 재능을 자연스럽게 키워 갑니다. 단, 특정 지능만 강조하지 않는 것도 중요합니다. 아이의 강점을 살리되, 다른 영역도 고루 경험하게 하여 균형 잡힌 발달을 돕는 것이 좋습니다. 또한 학교와의 협력도 필요합니다. 가정과 학교가 함께 아이의 다양성을 존중할 때, 다중지능 교육은 진정한 힘을 발휘합니다.

국제연합(UN)이나 유니세프(UNICEF) 같은 국제기구에서 일하기를 꿈꾸는 아이에게는 단순히 공부를 잘하는 것 이상이 필요합니다. 이런 기관들은 지식뿐 아니라 다양한 문화 속 사람들과 소통하는 능력, 인류 문제에 대한 공감과 실천력, 그리고 세계 시민으로서의 책임감을 중요하게 봅니다. 따라서 부모는 아이가 어릴 때부터 이런 자질을 자연스럽게 기를 수 있도록 환경을 만들어 주는 것이 좋습니다.

① 언어 능력은 기본이자 출발점입니다

영어는 필수이며, 가능하다면 프랑스어·스페인어·아랍어 등 유엔 공식 언어 중 한 가지 이상을 익히는 것이 좋습니다. 언어를 배우는 일은 단순히 의사소통을 위한 기술이 아니라, 다른 문화를 이해하고 존중하는 마음을 기르는 과정이기도 합니다.

어릴수록 학습 효율이 높기 때문에, 외국어 동화책이나 노래, 그림책 등을 통해 자연스럽게 언어에 노출되도록 도와주세요. 흥미로운 학습 앱이나 원어민과의 온라인 대화도 좋은 방법입니다. 이런 경험이 아이에게 "언어는 세상을 연결하는 힘"이라는 감각을 심어 줍니다.

② 다문화 감수성과 포용력은 필수 자질입니다

국제기구에서 일한다는 것은 단지 일을 잘하는 것이 아니라, 서로 다른 문화와 배경을 가진 사람들과 협력하며 더 나은 세상을 만드는 과정에 참여하는 일입니다. 이를 위해서는 다양한 사람과 상황을 이해하고, 열린 마음으로 소통하는 자세가 필요합니다.

이러한 태도는 어릴 때부터 일상 속에서 만들어집니다. 다른 나라 친구들과 교류할 수 있는 국제 캠프나 교류 활동, 온라인 글로벌 펜팔 프로그램, 가족 단위의 문화 체험 여행 등을 통해 아이의 시야를 넓혀 주세요. 단순히 관광을 하는 것이 아니라, 현지의 생활 방식과 사람들의 이야기를 경험하게 하는 것이 중요합니다. 아이에게 다양한 문화를 자연스럽게 경험하게 하는 일은 국제 감수성을 키우는 데 매우 큰 도움이 됩니다. 가정에서도 일상 속에서 이를 실천할 수 있습니다.

① 일상 속 문화 감수성 키우기

다문화와 관련된 책이나 영화를 함께 보고, 등장인물의 가치관이나 배경에 대해 이야기를 나누어 보세요. 다큐멘터리를 함께 시청하며 실제 세상의 모습을 접하는 것도 좋습니다. 이러한 경험은 단순히 다른 문화를 '이해하는 것'을 넘어, 그 안에서 공감하고 배우는 태도를 길러 줍니다. 이 감수성은 훗날 아이가 국제 무대에서 사람들과 진심으로 협력하고 소통할 수 있는 중요한 자산이 됩니다.

② 사회적 책임감과 윤리 의식 기르기

UN과 같은 국제기구의 핵심 가치는 인류애와 공동체 의식입니다. 따라서 어릴 때부터 사회 속에서 함께 살아가는 감각을 체험할 수 있도록 해 주는 것이 필요합니다. 지역 봉사 활동, 유기견 보호소나 노인 복지 시설 방문, 환경 캠페인 참여 등은 아이에게 나눔의 기쁨과 실천의 의미를 알려 줍니다. 이를 통해 아이는 '세상과 연결된 존재'로서의 자신을 자각하게 됩니다.

③ 지속 가능성과 윤리적 가치 대화하기

일회용품 사용을 줄이는 이유, 공정무역 제품을 선택하는 의미 등을 일상 속 예시로 자주 이야기해 주세요. 이런 대화는 아이가 자신의 행동이 세상에 어떤 영향을 미치는지를 깨닫게 하고, 책임감 있는 시민의식을 키워 줍니다. 작은 실천 하나하나가 결국 세상에 대한 존중과 윤리의식으로 이어집니다.

④ 문제 해결력과 리더십 기르기

국제 사회에서 필요한 인재는 단순히 똑똑한 사람이 아니라, 문제를 함께 해결하고 협력할 수 있는 사람입니다. 이 능력은 갑자기 생기지 않습니다. 가정과 학교, 일상 속에서 아이가 스스로 판단하고 의견을 나누며, 함께 문제를 해결하는 경험을 자주 하도록 기회를 만들어 주세요.

아이의 창의적 사고를 키우려면, 일상 속에서 자연스럽게 사고력을 자극하는 활동을 함께 하는 것이 좋습니다. 단순한 오락보다 퍼즐, 브레인 게임, 논리 퀴즈처럼 정답이 하나로 고정되지 않은 놀이가 효과적입니다. 이런 활동은 아이가 다양한 관점에서 생각하고, 문제를 새롭게 바라보는 사고의 유연성을 길러 줍니다. 가족이 함께 참여하며 아이의 의견을 존중

공부보다 먼저, 부모가 가르쳐야 할 것

해 주는 분위기를 만들어 주면, 아이는 더 자신 있게 생각을 표현하게 됩
니다.

또한 프로젝트 중심 학습은 사고력뿐 아니라 리더십과 자기 주도성을
함께 키워 주는 좋은 방법입니다. 아이가 주제를 정하고, 계획을 세우고,
자료를 모아 발표까지 해 보는 과정 속에서 스스로 생각하고 결정하는 힘
을 배웁니다. 이때 부모는 방향을 대신 정해 주는 '지도자'가 아니라, 필요
할 때 도와주는 지원자가 되어야 합니다. 결과보다 과정을 함께 지켜보며
아이가 스스로 해결책을 찾아 가는 경험을 쌓도록 해 주세요.

더불어 국제 이슈에 대한 관심을 키워 주는 것도 중요합니다. 이는 단순
한 지식 확장을 넘어, 세상을 더 넓게 보고 공감하는 힘을 길러 줍니다. 예
를 들어, 기후 변화, 빈곤, 인권, 교육 불평등 같은 주제를 아이의 눈높이
에 맞게 이야기해 보세요. 함께 뉴스나 다큐멘터리를 보고 생각을 나누는
과정 속에서 아이는 세상과 자신이 연결되어 있다는 감각을 갖게 되고,
깊이 있는 시선과 책임감 있는 태도를 배우게 됩니다.

아이에게 가장 큰 힘이 되어 주는 것은 스스로 생각하고 목표를 세우는
능력, 그리고 그것을 끝까지 이어 가는 내적인 동기입니다. 누군가의 기대
가 아니라, 자신이 진심으로 이루고 싶은 목표가 있을 때 아이는 흔들리지
않고 성장합니다. 이를 위해 부모는 아이가 존경할 만한 롤 모델을 함께
찾아보는 것이 좋습니다. 단순한 성공담이 아니라, 그 인물이 어떤 가치와
신념으로 노력했는지를 이야기해 주세요. 이런 대화 속에서 아이는 "나도

저렇게 될 수 있을까?"라는 긍정적인 질문과 동기를 품게 됩니다.

목표를 세웠다면, 결과보다는 과정을 즐기게 하는 태도가 중요합니다. 한 번에 큰 목표를 이루려 하기보다, 아이가 스스로 감당할 수 있는 작은 단계를 만들어 주세요. 예를 들어, 매일 짧은 시간 책을 읽거나, 자신의 생각을 글로 써 보는 습관도 좋은 시작입니다. 이런 작은 성취의 경험이 쌓이면, 아이는 자기 삶을 스스로 설계할 수 있는 자신감을 갖게 됩니다.

결국 우리가 바라는 것은, 아이가 세상 속에서 자신만의 역할을 찾고 당당히 서는 것입니다. 이를 위해서는 조급함보다 긴 호흡의 성장이 필요합니다. 언어, 문화, 감수성, 윤리의식, 리더십 등은 시간이 지나면서 자연스럽게 자라납니다. 부모는 아이의 속도에 맞추어 기다려 주고, 일상 속에서 다양한 경험과 대화를 이어 가며 세상을 넓게 바라보는 힘을 키워 줘야 합니다.

     공부보다 먼저, 부모가 가르쳐야 할 것

 독서가 아이에게 미치는 영향

독서는 아이의 전인적 성장을 이끄는 가장 강력한 교육 도구 중 하나입니다. 단순히 지식을 쌓는 활동을 넘어, 사고력·언어력·감수성까지 함께 자라게 하는 힘을 지니고 있습니다. 아이의 학습 습관과 성장을 돕기 위해서는 '책을 읽는 아이'가 아니라 '책으로 생각하는 아이'로 길러 주는 것이 중요합니다.

① 언어력과 표현력 향상

독서는 아이의 언어 능력 발달에 가장 직접적인 영향을 줍니다. 다양한 책을 읽다 보면 새로운 단어와 문장을 자연스럽게 접하고, 글의 구조와 흐름을 익히게 됩니다. 이는 곧 어휘력과 문해력으로 이어지며, 글의 의미를 파악하고 주제를 이해하는 능력을 키웁니다. 또한 여러 문체와 서술 방식을 경험하면서 자신만의 문장 감각이 생기고, 자신의 생각을 글로 표현하는 능력, 즉 글쓰기의 기초력이 자연스럽게 자랍니다.

② 사고력과 논리력 발달

책 속 인물의 감정과 상황을 따라가며 '왜 그랬을까?', '어떻게 되었을까?'를 생각하는 과정은 아이의 논리적 사고와 원인·결과 인식 능력을 길러 줍니다. 이야기의 구조가 복잡할수록 아이는 다양한 관점에서 문제를 바라보며 사건을 해석하고 스스로 결론을 내리는 힘을 배우게 됩니다. 즉, 독서는 단순한 '읽기 활동'이 아니라 생각하고 해석하며 판단하는 훈련이 됩니다.

③ **수학적 사고와의 연결**

많은 부모가 수학과 독서를 별개의 영역으로 생각하지만, 사실 수학에서도 논리적 사고와 언어 이해력은 핵심입니다. 문제의 구조를 파악하고, 조건과 결론의 관계를 이해하는 힘은 독서를 통해 단단해집니다. 수학 개념이 담긴 이야기책—예를 들어 '숫자 동화', '도형 이야기'—을 함께 읽는 것은 아이에게 수학을 재미있는 탐구 과정으로 느끼게 하며 자연스럽게 친숙함을 줍니다. 이 과정에서 아이는 공식을 외우는 대신 '왜 그런가'를 스스로 이해하는 습관을 기르게 됩니다.

과학은 아이들에게 흥미롭지만 어렵게 느껴질 수 있는 분야입니다. 하지만 책을 통해 과학을 만나면, 아이는 복잡한 개념을 자연스럽게 받아들이며 세상을 탐구하는 시선을 키울 수 있습니다. 과학 동화나 실험 이야기를 읽는 동안 "왜 그럴까?", "어떻게 될까?" 같은 질문을 던지며 호기심과 탐구력이 자랍니다. 책 속 인물과 함께 실험을 따라가다 보면, 아이는 과학이 '틀려도 괜찮은 학문'이라는 사실을 깨닫게 됩니다. 실패 속에서도 배우고 다시 시도하는 경험이 진짜 과학적 사고의 시작이 되기 때문입니다.

또한 사회나 역사책은 아이의 세상 보는 눈을 넓혀 줍니다. 과거의 인물과 사건을 읽으며 아이는 인간의 행동과 사회 변화의 원리를 이해하게 되고, '지금'을 넘어서 과거와 미래를 함께 바라보는 통찰력을 기르게 됩니다. 즉, 독서는 아이가 논리적 사고력과 사고의 깊이를 함께 키워 주는 가

 공부보다 먼저, 부모가 가르쳐야 할 것

장 좋은 통로입니다.

　역사나 사회를 다룬 책은 단순히 과거를 배우는 것이 아니라, 세상을 깊이 이해하는 힘을 길러 줍니다. 아이는 "왜 이런 일이 일어났을까?", "그 결과가 어떤 영향을 남겼을까?"를 스스로 질문하면서 비판적 사고력과 분석력을 키워 갑니다. 이런 사고 습관은 사회 현상을 한 가지 시각이 아니라 다양한 관점으로 해석할 수 있는 능력으로 이어집니다. 외워서 배우는 공부보다, 생각하며 배우는 독서가 아이의 사고 깊이를 넓혀 주는 이유입니다.

　또한 예술·음악·체육 분야의 독서는 아이의 감성과 창의력을 키워 줍니다. 예술가의 이야기를 읽으며 색감과 표현의 다양성을 느끼고, 예술이 특별한 재능이 아닌 자신 안의 감성을 표현하는 일임을 깨닫습니다. 음악가의 열정과 노력을 다룬 책은 아이가 음악을 단순히 듣는 것을 넘어 이해하고 공감하는 태도를 배우게 합니다. 체육 관련 책을 통해서는 승리보다 중요한 도전, 인내, 협력의 가치를 자연스럽게 익히게 됩니다.

　외국어 학습에서도 독서는 매우 유용합니다. 외국어 동화나 짧은 이야기책은 아이가 문법을 억지로 외우지 않아도 자연스럽게 언어 감각과 표현력을 익히게 합니다. 그림이 함께 있는 책은 단어의 의미를 시각적으로 이해하게 도와주고, 반복되는 문장 구조를 통해 문맥 속에서 언어의 흐름을 체득하게 해 줍니다. 이런 자연스러운 노출이 외국어에 대한 부담을 줄이고, 흥미를 높이는 가장 좋은 출발점이 됩니다.

무엇보다 중요한 것은 '많이 읽는 것'보다 어떻게 읽고, 어떻게 나누는 가입니다. 책을 읽은 후 아이와 대화를 나누며 흥미롭거나 공감된 부분을 이야기하면, 아이는 책 읽는 시간을 단순한 공부가 아닌 즐거운 대화의 시간으로 느낍니다. 또한 아이의 관심사를 존중하며 책을 선택해 주는 것이 꾸준한 독서 습관의 시작이 됩니다.

공부보다 먼저, 부모가 가르쳐야 할 것

2부

감성과 예술로 자존감을 키운다

22장 집중력의 비밀, 감정이 풀려야 열린다

아이의 집중력이 떨어지는 이유는 단순히 '의지가 약해서'가 아닙니다. 성격, 발달 단계, 정서 상태, 생활 리듬 등 다양한 요인이 함께 작용합니다. 따라서 혼내기보다 아이의 일상과 마음 상태를 함께 살펴보는 태도가 필요합니다. 가장 먼저 확인해야 할 것은 공부 환경입니다. 책상 위에 장난감, 만화책, 스마트폰 등 시선을 빼앗는 물건이 많으면 자연스럽게 집중이 흐트러집니다. TV 소리나 가족의 대화 등 외부 자극도 집중을 방해하므로, 공부 공간은 단순하고 조용하게 만들어야 합니다.

또한 학습 공간과 놀이 공간을 분리하는 것이 중요합니다. 같은 자리에서 놀고 공부하면, 아이의 뇌는 그곳을 '공부하는 공간'으로 인식하지 못합니다. 반면 매일 같은 시간, 같은 자리에 앉는 습관이 생기면, 뇌는 "이곳에서는 집중해야 한다"고 학습하게 됩니다. 별도의 공부방이 어렵다면 파티션을 두거나 책상을 벽 쪽으로 배치하는 것도 좋은 방법입니다. 아이의 공부는 '얼마나 오래 했는가'보다 '얼마나 집중했는가'가 더 중요합니다. 초등학생의 집중력은 평균 15~20분 정도이므로, 억지로 시간을 늘리면 오히려 흥미를 잃고 공부를 부담스럽게 느낄 수 있습니다. 따라서 짧고 집중도 높은 학습이 효과적입니다. 예를 들어, 15분 공부 후 5분 쉬는 '공부-휴식' 리듬을 만들면, 아이는 "조금만 더 하면 쉴 수 있다"는 생각으로 스스로 집중하게 됩니다.

또한 공부 후에는 작은 보상과 칭찬을 더 해 주세요. 간식이나 짧은 놀이 시간을 통해 성취의 기쁨을 느끼게 하면, 공부에 긍정적인 감정이 형성됩니다. 억지로 하는 공부는 오래가지 않지만, 재미와 성취감이 있는 공부는 스스로 이어집니다. 아이의 집중력을 높이려면 먼저 흥미를 관찰하는 것이 중요합니다. 좋아하는 주제에 몰입할 때 아이의 눈빛이 반짝이는 순간을 놓치지 마세요. 그 관심사를 학습과 연결하면 공부가 자연스럽게 즐거워집니다. 예를 들어 과학을 좋아한다면 실험을 통해 수학 개념을 배우게 하는 식입니다. 아이가 좋아하는 활동 속에서 배우는 경험은 '공부'가 아닌 '놀이처럼 느껴지는 배움'이 되어 자발적인 집중력과 성취감을 키워 줍니다.

가만히 앉아 있는 걸 힘들어하는 아이라면 억지로 참게 하기보다, 움직이면서 배울 수 있는 학습법을 활용하세요. 손으로 카드를 뒤집거나 몸을 쓰는 놀이형 학습은 아이의 에너지를 긍정적으로 분출시켜 오히려 집중력을 높이는 효과가 있습니다. 활동적인 아이일수록 이런 방식이 훨씬 효과적입니다. 또한 매일 같은 시간에 공부하는 규칙적인 생활 리듬을 만들어 주면, 아이의 뇌는 "이 시간엔 집중해야 한다"고 인식하게 됩니다. 아이마다 집중이 잘 되는 시간대가 다르니, 가장 안정적이고 활기찬 때를 찾아 주는 것이 좋습니다.

학습 중 산만한 모습을 보인다고 해서 화를 내거나 다그치면 역효과가
납니다. "왜 집중이 안 될까?"처럼 부드럽게 질문하며 아이의 생각을 들어
보세요. 이런 대화는 아이가 자신의 감정을 인식하고 조절하는 능력을 키
우는 데 도움이 됩니다. 또한 충분한 수면과 신체 활동은 집중력의 기본
입니다. 하루 30분 이상 바깥에서 뛰놀게 하면 뇌가 활력을 되찾고 스트
레스가 줄어듭니다.

만약 집중력 저하가 오래 지속되거나 일상에 큰 영향을 미친다면, 전문
가 상담을 고려하세요. 소아정신과나 아동상담사를 통해 ADHD나 정서
적 요인을 점검하면, 보다 정확한 지원이 가능합니다. 그리고 공부에 흥
미가 없는 아이에게는 동기를 자극하는 환경이 중요합니다. 아이가 좋아
하는 활동—예를 들어 게임, 음악, 그림—을 공부와 연결해 보세요. 게임
을 좋아한다면 프로그래밍이나 스토리 구성을 함께 배우게 하는 식으로
요. 공부가 "해야 하는 일"이 아니라, "재미있는 도전"으로 느껴질 때 아이
는 자연스럽게 몰입합니다.

작은 성취 경험은 아이에게 큰 자신감을 줍니다. '10분 집중하기', '5문제
풀기'처럼 구체적이고 실현 가능한 목표를 세우고, 달성할 때마다 칭찬과
격려를 해 주세요. 이런 경험이 쌓이면 아이는 "나도 할 수 있다"는 믿음을
가지게 되고, 스스로 다시 도전하려는 내적 동기가 자랍니다. 또한 공부
가 시험 준비가 아닌 삶과 연결된 활동임을 느끼게 해야 합니다. 수학은
쇼핑 계산이나 게임 전략에, 역사책은 박물관 탐방에, 과학책은 직접 실험
에 연결되도록 도와주세요. 이런 체험은 아이의 호기심과 탐구심을 키우

　　　　　공부보다 먼저, 부모가 가르쳐야 할 것

는 훌륭한 배움의 장이 됩니다.

　아이에게 롤 모델의 이야기를 들려주는 것도 좋습니다. 좋아하는 분야에서 노력한 인물의 사례를 통해, 아이는 공부의 목적과 의미를 자연스럽게 느끼게 됩니다. 무엇보다 중요한 것은 자율성과 책임감을 함께 키우는 것입니다. 부모가 대신 정하기보다, 아이 스스로 공부 계획을 세우고 실천하게 해 주세요. "공부는 내 일"이라는 주체적인 태도가 바로 자기주도학습의 시작입니다. 결국, 공감이 강요보다 먼저입니다. 아이가 공부의 의미를 스스로 깨닫고 작은 성취를 기뻐할 수 있도록 기다려 주세요.

23장 목표나 동기 없는 아이 공부

아이에게 명확한 목표가 없을 때는 조급하게 다그치기보다, 공부 속에서 의미를 발견하도록 돕는 것이 중요합니다. 아이는 아직 자신의 길을 찾는 과정에 있으므로, 강요보다 관찰과 기다림이 필요합니다. 아이의 말과 행동, 몰입하는 순간을 세심히 살펴보세요. 그 속에 아이의 흥미와 가능성이 숨어 있습니다. 예를 들어, 게임을 좋아한다면 프로그래밍이나 디자인으로, 축구에 관심이 많다면 선수의 훈련과 영양 관리로 과학·수학과 연결할 수 있습니다. 좋아하는 활동이 공부로 확장되면 학습은 '해야 하는 일'이 아니라 '하고 싶은 일'이 됩니다.

또한 아이에게는 큰 목표보다 작은 성취 경험이 동기를 만들어 줍니다. "오늘은 10분만 집중하자", "이 문제 한 장만 풀자"처럼 구체적이고 짧은 목표를 주면 부담 없이 도전할 수 있습니다. 결과보다 "끝까지 해냈구나", "집중하려고 노력했네" 같은 노력의 과정을 칭찬해 주세요. 이런 경험이 쌓이면 아이는 "나는 할 수 있다"는 자신감과 내적 동기를 얻게 됩니다. 부모는 정답을 주는 사람이 아니라, 아이가 스스로 흥미와 가능성을 찾아가도록 옆에서 지켜봐 주는 동반자여야 합니다.

아이에게 공부의 필요성을 설명할 때는 막연한 조언보다 구체적인 예시가 훨씬 효과적입니다. "나중에 필요하니까 공부해"보다는 아이의 일상과 연결된 이유를 들어주세요. 예를 들어, 수학을 설명할 때 "성적을 위해

   공부보다 먼저, 부모가 가르쳐야 할 것

공부해야 해” 대신 “마트에서 물건 값을 비교할 때 수학이 필요해”, “게임 전략을 세울 때도 논리적으로 생각해야 해”라고 말하면, 아이는 공부를 실생활에 필요한 도구로 이해하게 됩니다.

책 속 지식을 현실에서 경험하게 하는 것도 중요합니다. 역사책을 읽는 대신 박물관을 함께 가거나 유적지를 방문해 보세요. 아이의 머릿속 ‘과거’가 실제로 느껴지는 순간, “왜 배워야 하는지”를 스스로 깨닫게 됩니다. 그리고 아이가 공감할 수 있는 현실적인 인물 이야기를 들려주세요. 꼭 유명인일 필요는 없습니다. 형·누나·부모의 경험처럼 가까운 사람의 이야기일수록 아이에게 큰 울림을 줍니다. “공부가 싫었지만 직접 해 보니 재미있더라” 같은 말은 완벽한 성공담보다 훨씬 진심 있게 다가옵니다. 아이는 그런 이야기를 통해 “나도 할 수 있겠다”는 자신감과 동기를 얻습니다.

부모나 선생님이 자신의 어린 시절 이야기를 들려주는 것은 아이에게 공부의 의미를 따뜻하게 전해 주는 가장 자연스러운 방법입니다. “나도 어릴 때 집중이 안 돼서 혼나기도 했지만, 책 한 권을 끝까지 읽은 날은 정말 뿌듯했어” 같은 말은 단순한 조언이 아니라 진심 어린 공감과 위로가 됩니다. 완벽한 성공담보다 실패와 노력의 과정이 담긴 이야기가 아이에게 더 큰 힘을 줍니다. 아이는 “나도 할 수 있겠다”는 자신감을 얻게 되죠. 또한 공부를 ‘해야 하는 일’이 아니라 ‘내가 선택한 일’로 느끼게 해 주는 것이 중요합니다. “이제 공부할 시간이야”보다 “오늘은 어떤 과목부터 해 볼까?”, “네가 세우고 싶은 목표가 있을까?”처럼 선택권을 주는 말이 아이의 주도성을 키웁니다. 이런 대화는 아이가 스스로 책임감을 느끼고, 공부를 자기 결정의 결과로 받아들이게 만듭니다.

공부 과정에서 가장 중요한 것은 결과보다 노력과 태도를 인정하는 환경입니다. 점수가 낮더라도 "그래도 끝까지 해냈구나"라는 말 한마디가 아이에게 도전할 용기와 자신감을 줍니다. 반대로 "왜 이것도 못 했어?"라는 말은 아이의 마음을 닫게 만듭니다. 따뜻한 피드백은 아이의 성장을 이끄는 언어입니다. 모든 아이가 공부 자체를 목표로 삼을 필요는 없습니다. 어떤 아이는 예술에서, 또 어떤 아이는 스포츠나 기술에서 재능을 발견합니다. 중요한 것은 아이가 스스로 좋아하는 일을 탐색하도록 돕는 일입니다. 그렇게 얻은 내면의 동기는 외부의 강요보다 훨씬 오래 지속됩니다.

아이가 아직 목표를 찾지 못했다고 해서 조급하게 다그치거나 불안해할 필요는 없습니다. 아이마다 성장의 속도와 방향은 다르기 때문입니다. 어떤 아이는 일찍 꿈을 정하지만, 또 어떤 아이는 여러 시행착오를 거치며 천천히 길을 찾아갑니다. 이것은 '늦음'이 아니라 '다름'으로 이해해야 합니다. 부모가 해야 할 일은 정답을 알려 주는 것이 아니라, 아이의 현재에 귀 기울이고 함께 고민해 주는 일입니다. 아이의 흥미를 발견하는 첫걸음은 관찰과 대화입니다. 아이가 어떤 일에 몰입하는지, 언제 즐거워하는지를 유심히 살펴보세요.

그 순간에 "이건 왜 재미있을까?", "이걸 할 때 기분이 어때?"라고 물으

 공부보다 먼저, 부모가 가르쳐야 할 것

면, 아이는 자신이 존중받는다고 느끼며 스스로를 탐색하기 시작합니다. 이 과정은 눈에 띄는 성과가 없을 수도 있지만, 아이 마음속에 동기의 씨앗이 자라는 시간입니다. 결국 아이가 스스로 "이건 해 보고 싶다"는 마음을 품는 순간, 그것은 단순한 공부 이상의 의미를 갖습니다. 스스로 선택하고 노력한 경험은 자존감과 자기주도성의 뿌리가 되어, 앞으로의 삶을 이끄는 가장 큰 힘이 됩니다.

24장 남들과 다른 생각을 하라

2022년 6월 18일, 18세 피아니스트 임윤찬은 전 세계 클래식 팬들을 감동시켰습니다. 제60회 반 클라이번 국제 피아노 콩쿠르 결선 무대에서 그는 베토벤 피아노 협주곡 3번과 라흐마니노프 협주곡 3번을 연주했습니다. 두 곡 모두 매우 어려운 난곡이었지만, 임윤찬의 연주는 단순한 기술을 넘어 감정과 진심이 담긴 예술이었습니다. 피아노 앞에 앉은 그의 모습은 한 편의 시처럼 진실되고 강렬했고, 음 하나하나가 관객의 마음을 울렸습니다.

연주가 끝난 후, 심사위원장 마린 알솝은 눈물을 흘리며 "내 인생 최고의 순간이었다"고 말했습니다. 그만큼 그의 연주는 완벽함보다 진정성의 힘으로 사람들의 마음을 움직였습니다. 악보를 재현하는 연주자가 아니라, 음악과 하나가 된 사람이었기 때문입니다. 18세의 어린 나이였지만, 그 안에는 수많은 시간의 노력과 몰입, 그리고 음악에 대한 순수한 사랑이 담겨 있었습니다. 준결선 무대에서 임윤찬은 무려 1시간이 넘는 리스트의 '초절기교 연습곡 전곡'을 연주했습니다. 이 곡은 세계적으로도 '인간의 한계를 시험하는 작품'으로 알려져 있지만, 그는 놀라운 집중력과 체력, 그리고 깊은 음악 해석력으로 무대를 완벽히 소화했습니다. 단순히 어려운 곡을 잘 연주한 것이 아니라, 나이를 초월한 성숙함과 진심 어린 몰입으로 관객을 압도했습니다. 그의 연주는 우리에게 중요한 메시지를 전합니다.

 공부보다 먼저, 부모가 가르쳐야 할 것

"진정한 예술은 기술이 아니라, 마음에서 시작된다."

임윤찬은 악보 없이 한 시간 넘게 곡 전체를 연주하며, 완벽한 기억력과 몰입의 힘을 보여 주었습니다. 연주가 끝난 뒤 고개를 떨군 그의 모습은 단순한 공연이 아니라, 예술과 인간의 진심이 맞부딪힌 순간이었습니다. 그의 놀라운 집중력 뒤에는 '근육의 기억(Muscle Memory)'이라는 과학적 원리가 숨어 있습니다. 이는 반복된 훈련으로 몸이 스스로 동작을 기억하는 상태를 말합니다. 임윤찬은 하루도 빠짐없이 수 시간씩 같은 구절을 반복하며, 손끝에 음 하나하나를 새겨 넣었습니다. 그렇게 몸이 먼저 반응할 만큼 연습을 이어 간 끝에, 그는 생각이 아닌 몸과 마음이 하나 된 연주자가 된 것입니다.

임윤찬의 연습 원리는 아이들의 공부에도 그대로 적용됩니다. 진짜 실력은 머리로 이해하는 것이 아니라, 몸으로 익숙해질 때 생깁니다. 수학 개념을 배웠다면 여러 문제에 반복적으로 적용해 보고, 영어 단어는 눈으로만 외우지 말고 손으로 쓰고 입으로 말해야 오래 기억됩니다. 이렇게 몸이 기억하게 되는 학습이 바로 실력을 키우는 핵심입니다. 많은 부모님들이 "우리 아이는 천재가 아니라서요"라고 말하지만, 진짜 차이는 재능보다 반복의 깊이에서 생깁니다. 임윤찬의 무대 역시 하루아침에 만들어진 것이 아니라, 수년간의 꾸준한 연습과 몰입의 결과였습니다. 아이의 공부도 마찬가지로 '천재성'보다 '지속성'이 성장을 만든다는 점을 기억해야 합니다. 매일 같은 시간, 같은 공간에서 공부하는 루틴을 만들고, 영어 단어를 반복해 읽고 쓰게 하며, 수학 오답을 다시 풀고, 문단 받아쓰기를 해 보는 작은 습관들이 결국 아이의 '공부 체력'을 만듭니다. 하루 10분이라도 꾸준히 반복하는 힘이 1년 후에는 놀라운 변화를 만들어 냅니다.

　부모가 해야 할 일은 이 과정을 지루한 숙제가 아닌 '성장의 과정'으로 느끼게 해 주는 것입니다. 아이가 "이 문제 또 해야 해?"라고 물을 때, "지금은 머리가 아니라 손이 기억하는 단계야"라고 말해 주세요. 결과보다 과정과 노력을 칭찬해 주는 것도 중요합니다. 점수보다 "매일 단어를 외운 네 노력이 참 대단하다"는 말이 아이에게 훨씬 깊은 울림을 줍니다. 또한 작은 루틴부터 함께 만들어 가세요. "매일 저녁 8시는 복습 시간", "아침엔 어제 배운 내용 중 하나 떠올리기" 같은 반복적인 리듬이 아이의 삶에 안정감을 주고, 반복은 자연스럽게 자신감을 만들어 줍니다. 임윤찬의 연주는 수많은 반복과 몰입이 쌓여 만들어진 결과였습니다. 우리 아이도 오늘 하루 10분의 반복을 통해 자신만의 실력을 쌓을 수 있습니다. 진짜 실력은 근육이 기억할 때 시작되며, 그 실력은 결국 아이의 인생을 바꾸는 가장 든든한 힘이 됩니다.

　　　　　공부보다 먼저, 부모가 가르쳐야 할 것

25장 예술이 아이 자존감을 바꾸는 순간

요즘 아이들은 공부, 영어, 코딩, 예체능까지 바쁘게 살아가지만, 막상 "너는 스스로에게 만족하니?"라는 질문에는 쉽게 답하지 못합니다. 겉으로는 열심히 살아가지만, 마음속에는 불안과 자기 부정이 자리 잡고 있는 경우가 많습니다. 좋은 성적을 받아도 마음이 불안하고, 한 번의 실수에도 자신을 책망하는 이유는 자기 이해와 자존감이 부족하기 때문입니다. 아이들은 스스로의 감정을 들여다볼 시간 없이 '해야 하는 일'에만 몰두하며, 점점 타인의 기준에 맞춰 자신을 평가하게 됩니다.

이럴 때 꼭 필요한 것이 바로 예술적 경험입니다. 예술은 점수를 위한 것이 아니라, 자신의 감정을 표현하고 이해하는 과정입니다. 그림을 그릴 때 아이는 말로 표현하기 어려운 마음을 색과 선으로 드러냅니다. 음악이나 연극을 통해서는 자신뿐 아니라 타인의 감정까지 느끼며 공감과 성찰을 배우게 됩니다. 예술은 아이가 스스로를 바라보고 마음을 다스리는 창이 되어 줍니다. 경쟁보다는 표현을, 결과보다는 감정을 배우며 아이는 비로소 자신을 사랑하고 이해하게 됩니다.

아이들이 예술을 통해 감정을 표현하고 마주하는 경험을 자주 하게 되면, 자신의 마음을 이해하고 받아들이는 힘이 점점 자라납니다. 처음엔 낯설고 복잡했던 감정도 시간이 지나며 "아, 나는 이런 마음을 느끼는 사람이구나" 하고 자연스럽게 인정하게 됩니다. 그림, 음악, 춤 등 자신만의 방식으로 감정을 표현하면서 아이는 "지금의 나도 괜찮구나"라는 따뜻한 자존감을 느끼게 됩니다. 이런 자존감은 칭찬이나 점수에서 생기는 것이 아니라, 자신을 향한 다정한 시선에서 자라납니다.

예술은 그 시선을 키워 주는 통로입니다. 감정을 억누르지 않고 자연스럽게 표현하게 하며, 그 과정에서 아이는 자신의 고유한 색을 발견합니다. 그렇게 쌓인 자존감은 아이가 세상을 살아가며 흔들리지 않는 중심이 됩니다. 실패해도 쉽게 무너지지 않고, 성공에도 자만하지 않으며, 자신답게 살아가는 힘을 길러 주는 것이죠. 결국 예술은 단순히 재능을 키우는 일이 아니라, 아이 스스로를 이해하고 사랑하게 만드는 여정입니다. 겉으로는 씩씩했지만, 마음속엔 누구에게도 말하지 못한 외로움과 슬픔이 쌓여 있었지요. 그러나 미술 시간에 그림을 그리며 그 아이는 처음으로 자신의 마음을 표현하기 시작했습니다. 그 그림 속엔 말보다 더 진솔한 감정이 담겨 있었고, 그때 비로소 아이는 "괜찮은 척하지 않아도 괜찮다"는 마음의 숨통을 트게 되었습니다.

한 아이가 평범한 미술 시간에 그림을 그리다 갑자기 눈물을 흘리며 말했습니다. "선생님, 그림을 그리고 나서야 울 수 있었어요." 그 말은 단순한 눈물이 아니었습니다. 오랫동안 꾹 참아 왔던 마음이 처음으로 세상에 모습을 드러낸 순간이었지요. 아이는 그림이라는 통로를 통해 자신이 이해받고 있다는 따뜻한 경험을 처음으로 했습니다. 그림은 그 아이에게 단순한 놀이가 아니라 마음을 대신 말해 주는 언어였습니다. 말로는 표현하지 못한 외로움, 두려움, 그리고 작지만 간절한 희망이 그림 속에 담겨 있

 공부보다 먼저, 부모가 가르쳐야 할 것

었고, 그것을 꺼내 놓는 순간 아이는 비로소 스스로를 받아들이는 힘을 얻었습니다. 아이에게 필요한 것은 "힘내", "잘하고 있어"라는 말보다, 자신을 솔직하게 드러낼 수 있는 안전한 공간이었습니다. 예술은 바로 그 문을 열어 주는 열쇠가 되어 줍니다.

예술은 단순히 그림을 잘 그리고, 악기를 잘 다루는 기술의 문제가 아닙니다. 그것은 마음을 이해하고 표현하는 힘을 기르는 과정입니다. 아이는 그림으로 기쁨을 그리고, 음악으로 슬픔을 흘려보내며, 몸짓으로 감정을 표현하면서 자신을 조금씩 알아 갑니다. 이런 경험이 쌓일수록 아이는 감정을 억누르는 대신 건강하게 표현하는 법을 배우게 됩니다. 예술은 아이가 감정과 마주하며, 자신을 사랑할 수 있도록 돕는 가장 따뜻한 통로입니다. 아이들은 예술을 통해 감정을 반복해서 표현하고 마주하면서, 점점 감정에 휘둘리지 않는 힘, 즉 마음의 균형을 배워 갑니다. 예전엔 작은 말 한마디에도 쉽게 흔들리던 아이가 어느 순간 스스로를 다독이고 다시 일어서는 내적인 회복력을 갖게 되지요. 공부가 잘될 때뿐 아니라 뜻대로 되지 않을 때에도 아이는 자신을 온전히 받아들이며 꾸준히 나아가는 법을 배웁니다.

예술은 단순히 감정을 다루는 도구가 아니라, 그 속에서 집중력·창의성·자기주도성 같은 삶의 핵심 역량을 함께 길러 주는 배움의 과정입니다. 무엇보다 예술은 아이에게 이렇게 속삭입니다. "너는 지금 그대로도 괜찮아. 너는 표현할 수 있는 존재야." 이 메시지가 아이 마음속에 자리 잡을 때, 아이는 비로소 자신을 믿기 시작합니다. 부모는 예술가일 필요가 없습니다. 그저 아이가 마음을 표현할 수 있는 작은 순간을 선물해 주는 사람이면 충분합니다. 스케치북을 건네주고, 좋아하는 노래에 맞춰 춤추게 하고, 작은 악기를 쥐여 주세요. 중요한 것은 '잘하는가'가 아니라, '표현하고 있는가'입니다. 그 경험 속에서 아이의 자존감은 조용히 자라납니다. 아이의 마음이 자라는 가장 따뜻한 방식, 그것이 바로 예술입니다. 오늘 단 10분이라도 아이와 함께 그림을 그리고 노래를 부르며 감정을 표현해 보세요. 그 짧은 시간이 아이 마음속에 평생 잊지 못할 힘이 되어 줄 것입니다.

26장 말보다 강한 부모의 눈빛

어느 날 한 미국인 교수님 부부와 여섯 살 딸아이가 함께 식사 자리에 있었습니다. 아이는 밝고 활기찼지만 시간이 지나며 조금 산만해졌고, 부모님은 조용히 주의를 주었습니다. 그러나 아이는 쉽게 진정되지 않았습니다. 그때 아버지는 자리에서 일어나 아이를 조용히 품에 안았습니다. 아버지는 아무 말도 하지 않은 채 아이의 눈을 바라보았습니다. 그 눈빛에는 화도, 조급함도 없고 오직 사랑과 이해만이 담겨 있었습니다. 잠시 후 아버지는 부드럽게 말했습니다. "여긴 어른들이 이야기하는 자리야. 우리 조금만 조용히 해 볼까?" 그 말은 단순한 훈육이 아니라, 존중과 신뢰의 대화였습니다. 그 한마디 후 아이는 스스로 조용히 아버지 품에 안겨 자리를 지켰습니다. 억지로 제지하거나 꾸짖지 않았지만, 아이는 마음이 안정된 것입니다.

이 장면이 오래 기억에 남은 이유는 아버지의 눈빛이 말보다 큰 힘을 가졌기 때문입니다. 언성을 높이지 않아도, 명령하지 않아도, 그 눈빛 하나로 아이는 "나는 사랑받고 있어"라는 확신을 느꼈습니다. 부모의 눈빛은 단순한 시선이 아니라, "나는 네 편이야"라는 따뜻한 언어입니다. 아이는 그 시선을 통해 자신이 존중받고 있다는 안정감을 얻고, 스스로 행동을 조절하는 힘을 기르게 됩니다. 아이에게 정말 필요한 것은 긴 설명이나 꾸지람이 아닙니다. 있는 그대로를 따뜻하게 바라보는 부모의 시선, 그것이 아이 마음을 움직이는 가장 큰 힘입니다. 말보다 더 많은 것을 전하는 눈빛 속 사랑과 믿음은 아이에게 든든한 울타리가 되어 주고, 세상을 살아갈 내면의 힘을 길러 줍니다.

아이들은 스스로를 자주 들여다보지 않습니다. 대신 부모의 눈빛 속에서 자신이 어떤 사람인지, 사랑받고 있는지를 읽어 냅니다. "엄마가 나를 자랑스러워하시는구나.", "아빠는 내가 실수해도 괜찮다고 생각하시는구나." 이런 감정을 느낄 때 아이는 깊은 신뢰와 안도감을 얻고, 그것이 자존감의 씨앗이 되어 어떤 상황에서도 흔들리지 않는 내면의 힘을 키웁니다. 반대로 부모의 시선에 걱정, 실망, 비교가 담겨 있다면 아이는 그 속에서 자신을 부정적으로 보게 됩니다. 아무 말 없이도 "넌 왜 이것밖에 못하니?"라는 메시지가 전해지고, 아이는 상처를 받습니다. 그런 경험이 쌓이면 아이는 스스로를 믿지 못하는 사람으로 자라납니다. 진짜 자존감은 성취가 아니라 사랑에서 시작됩니다. 좋은 성적이나 착한 행동보다, "나는 지금 이 모습 그대로도 사랑받고 있구나"라는 확신이 아이를 단단하게 만들어 줍니다.

우리는 자주 "사랑해", "괜찮아"라고 말하지만, 아이는 말보다 부모의 눈빛 속 진심을 먼저 읽습니다. 말은 변할 수 있지만, 눈빛은 거짓이 없습니다. 부모의 시선 속 사랑은 아이 마음 깊이 새겨져, 오랜 시간이 지나도 사라지지 않는 위로가 됩니다. 작은 눈맞춤 하나가 아이에게는 이렇게 속삭입니다. "나는 사랑받는 사람이야. 내 존재만으로 소중한 사람이야." 이 확신이 있는 아이는 실패 앞에서도 자신을 미워하지 않고, 타인의 평가에 휘둘리지 않으며, 스스로의 삶을 당당히 살아갑니다. 결국

 공부보다 먼저, 부모가 가르쳐야 할 것

부모의 따뜻한 눈빛이 전하는 사랑의 확신이야말로, 아이에게 줄 수 있는 가장 큰 선물입니다.

하버드대의 심리학 연구에 따르면, 아이의 자존감은 생후 몇 년 안에 형성되기 시작하며, 그 핵심은 부모와의 눈맞춤과 표정이라고 합니다. 아이는 엄마의 따뜻한 눈빛과 아빠의 든든한 시선 속에서 "나는 괜찮은 사람이야"라는 믿음을 배우고, 그 감정이 평생의 자존감의 뿌리가 됩니다.

하지만 어떤 부모님들은 "우리 아이는 눈을 잘 안 마주쳐요"라고 말하곤 합니다. 물론 성향일 수도 있지만, 때로는 부모의 눈빛이 아이에게 부담이 되었던 경험이 쌓였기 때문일 수도 있습니다. 그 시선에 기대나 실망, 비교의 감정이 담겨 있었다면, 아이는 눈을 피하게 됩니다. 반대로, 사랑과 믿음이 담긴 눈빛을 꾸준히 경험한 아이는 점점 부모를 바라보는 일을 편안하게 느끼고, 스스로 먼저 눈을 맞추게 됩니다.

부모의 눈빛은 말보다 훨씬 자주, 그리고 깊이 아이의 마음에 영향을 줍니다.

아이가 실수했을 땐 말 대신 부드러운 눈빛으로 "괜찮아."
아이가 도전할 땐 "넌 할 수 있어."라는 믿음을 담은 시선을.
평범한 날에도 "네가 있어서 행복해."라는 눈빛을.

이 짧은 시선 하나가 아이의 하루를 바꾸고, 인생을 지탱하는 힘이 됩니다. 부모가 자녀에게 줄 수 있는 가장 큰 선물은 비싼 교재도, 좋은 교육도 아닌 따뜻한 눈빛입니다. 식탁에서, 등굣길에서, 잠들기 전에도 아이를 조용히 바라보며 마음을 담은 시선을 건네 보세요. 말이 없어도 아이는 압니다. "넌 괜찮은 아이야. 나는 너를 믿어. 언제나 네 편이야." 그 눈빛은 아이에게 평생 지워지지 않는 정서적 울타리가 되어 줍니다. 실수했을 때에도 자신을 미워하지 않고, 어려움 앞에서도 스스로를 믿게 되는 힘이 바로 그 눈빛에서 자라납니다. 결국 부모의 따뜻한 시선은 아이 마음의 근육을 키워 주는 사랑의 언어입니다.

 공부보다 먼저, 부모가 가르쳐야 할 것

양육자가 자녀에게 건네는 하나의 언어적 표현은 단순한 소리가 아닙니다. 그 표현은 자녀의 내면 깊은 곳에 스며들어 평생을 지배하는 정신적 문장이 됩니다. "넌 해낼 수 있어.", "엄마는 네가 자랑스럽단다.", "실수해도 괜찮아, 재도전하면 돼." 이러한 짧은 구절들은 성인에게는 사소하게 느껴질지 몰라도, 자녀에게는 삶의 지침이자 내면을 지탱해 주는 힘의 근원이 됩니다.

이러한 언어는 사라지지 않습니다. 아이의 정신 어딘가에 차곡차곡 축적되어, 성장 과정 내내 스스로를 독려하는 격려의 목소리로 영구히 남습니다. 인간은 누구나 내면에서 자신과 대화를 나눕니다. "괜찮아, 다시 시도하자.", "나는 충분히 잘할 수 있어." 이러한 긍정적 자기 대화는 대부분 유년 시절 양육자의 초기 언어에서 비롯됩니다. 부모가 따뜻한 표현을 자주 사용하면, 자녀는 그 말을 내면화하여 스스로를 신뢰하고 다독이는 힘을 기릅니다. 반대로 "너는 어쩌면 이 정도밖에 못 하니?", "다른 친구들은 다 잘하는데 너는 왜 그러니?" 같은 지적을 반복해서 들은 자녀는 아직 시작도 전에 자신을 의심하게 됩니다. "나는 잘 안 될 거야.", "또 혼날까 봐 두려워."라는 불안감이 정신 깊숙이 자리 잡고, 도전 대신 회피를 배우게 됩니다.

한 중학생이 이런 이야기를 한 적이 있습니다. "우리 엄마는 늘 그러셨어요. '너는 잘해서 괜찮은 게 아니라, 남들보다 뒤처지지 않아서 괜찮은 거야.'" 이 발화에는 조건부 애정의 그림자가 드리워 있었습니다. 그 자녀는 타인보다 앞서거나 최소한 뒤처지지 않아야만 사랑받을 수 있다는 신념을 가졌고, 실수할 때마다 자기 자신을 심하게 자책했습니다. 그 결과 아무리 좋은 성과를 내도 진정으로 자신을 자랑스러워하기 어려웠습니다. 이처럼 부모의 조언 한마디가 자녀 자아상의 구조를 결정짓는 힘을 가집니다. 또 다른 고등학생은 성적이 하락하고 자기 확신을 잃었을 때, 아버지의 단 한마디에 회복할 힘을 얻었습니다. "괜찮다. 지금은 잠깐 넘어질 시기일 뿐이야. 하지만 너는 늘 중요한 순간에는 일어섰잖아." 그 말은 단순한 위로가 아니라, 자녀 내면의 신념을 다시 일깨워 주는 확신의 언어였습니다. 그 후 자녀는 힘든 순간마다 스스로 되뇌었습니다. "그래, 나는 중요한 순간엔 반드시 일어설 수 있는 사람이야." 이 한 문장이 자녀의 자기 확신과 회복탄력성의 씨앗이 된 것입니다.

양육자의 메시지는 눈에 보이지 않지만, 씨앗처럼 자라나는 생명력을 가지고 있습니다. 지금 당장 자녀에게 눈에 띄는 반응이 없어 보여도, 그 표현은 자녀의 내면에 뿌리를 내리고, 언젠가 삶의 결정적인 순간에 행동과 선택이라는 결과로 나타나게 됩니다. 그래서 부모의 한마디는 오래 각인되고, 생각보다 깊이 작용합니다. "넌 왜 이것밖에 못 하니?"라는 부정적 발언은 불안이라는 결과를, "다른 애들은 다 잘하는데 너는 왜 그래?"라는 비교는 열등감이라는 줄기를 키웁니다. 반면 "괜찮아, 다시 시도해 봐"라는 위로는 자기 신뢰의 싹을, "엄마는 너를 믿는단다"라는 지지는 자존감의 나무로 자라납니다. 결국 언어적 표현은 행동보다 더 오래, 더 깊

     공부보다 먼저, 부모가 가르쳐야 할 것

이 자녀의 정신에 각인됩니다. 다정한 표현은 시간이 흘러도 사라지지 않고, 자녀 정신 속에서 평생의 위로와 용기로 지속됩니다. 언젠가 자녀가 좌절이나 불안을 마주할 때, 그 메시지는 마음속의 배경 음악처럼 속삭입니다. "괜찮아, 너는 잘하고 있어. 다시 일어서면 돼." 이 한 문장이야말로 부모가 자녀에게 줄 수 있는 가장 따뜻한 선물입니다.

양육자가 자녀에게 건네는 한마디는 단순한 정보가 아닙니다. 그 언어는 자녀의 내면 속에 오래 머물며, 성격과 자기 인식을 구축하는 문장이 됩니다. 그래서 부모의 말은 언제나 신중해야 합니다. 하루를 마무리할 때, "오늘 나는 자녀에게 어떤 언어를 사용했을까?"를 되돌아보세요. 혹시 "넌 왜 그러니?"로 심리적 상처를 남기지는 않았는지, 아니면 "괜찮아, 다시 해 보자"로 따뜻하게 감싸안아 주었는지 스스로 성찰해 보는 것입니다. 양육자의 말은 단순한 정보 전달이 아니라, 관계를 육성하는 언어이며 자녀의 내면을 성장시키는 가장 강력한 도구입니다.

지금 이 순간, 자녀에게 이렇게 표현해 보세요. "나는 너를 무조건적으로 신뢰해.", "네가 이 세상에 존재해서 참 기뻐.", "괜찮아, 함께 다시 시도하자." 이 짧은 표현 속에는 양육자의 사랑과 지지, 신뢰가 모두 담겨 있습니다. 자녀는 그 말들을 통해 "나는 있는 그대로 수용받고 있구나"라는 확신을 얻고, 그 확신은 내면에서 평생의 위로와 안정감으로 전환됩니다. 세월이 흘러 자녀가 인생의 어려움과 직면할 때, 그 한마디는 다시 살아나 속삭일 것입니다. "괜찮아, 너는 충분히 할 수 있어. 누군가는 너를 진심으로 믿어 줬잖아." 이 문장은 단순한 위로가 아니라, 자녀가 다시 일어설 수 있는 내면의 힘이 됩니다. 사랑은 거창한 행위보다 조용한 언어 한 마디 속에 담겨 있습니다. "오늘도 참 수고 많았어.", "괜찮아, 그런 날도 있는 거지." 이런 말들이 자녀의 평생 기억에 남아 자기 인식과 회복력의 토대가 됩니다.

그러니 오늘, 특별한 이유가 없어도 표현해 주세요. "너는 정말 소중한 존재란다.", "언제나 너의 든든한 지원군이 되어 줄게." 이 메시지들이 쌓여, 언젠가 자녀가 세상 앞에 설 때 자신을 신뢰하고 나아갈 수 있는 정신적 토대가 되어 줄 것입니다. 오늘의 다정한 언어가 자녀 인생의 가장 따뜻한 등불이 됩니다.

 공부보다 먼저, 부모가 가르쳐야 할 것

28장 악기 하나가 평생 친구가 된다

아이에게 음악을 물려주는 일은 단순히 악기를 배우게 하는 것이 아닙니다. 그것은 아이 마음속에 감정이라는 또 하나의 언어를 심어 주는 일입니다. 악보를 따라가며 소리를 만들어 내는 동안, 아이는 감정을 표현하고 다스리며, 세상과 조화를 이루는 법을 배웁니다. 많은 어른들이 "어릴 때 음악을 배워서 다행이었다"고 말하는 이유도 여기에 있습니다. 음악은 힘들고 외로운 순간마다 말보다 깊은 위로가 되어 주기 때문입니다.

음악은 아이의 정서를 안정시키고 내면을 성장시키는 힘을 가집니다. 슬픔과 답답함. 표현되지 못한 감정이 멜로디 속에서 자연스럽게 흘러가며, 아이 스스로 마음을 들여다보고 조절하는 법을 배우게 됩니다. 그래서 악기 연주나 클래식 감상은 단순히 집중력 향상 도구가 아니라, 감정 표현력과 정서적 균형을 키워 주는 경험이 됩니다. 예를 들어, 초등학생 강주은 양은 처음 바이올린을 배울 때 삐걱거리는 소리로 좌절하곤 했습니다. 하지만 조금씩 자신만의 감정을 소리로 표현하면서, 음악이 주는 위로를 경험했습니다. 그녀의 연주는 완벽하지 않았지만 진심이 담겨 있었고, 그 시간 동안 주은 양은 자신의 마음을 정리하고 다독이는 법을 배웠습니다.

이제 음악은 그녀에게 단순한 취미가 아닌, 자신을 이해하고 위로하는 언어가 되었습니다. 결국 음악은 아이에게 감정의 리듬을 조율하고 삶의 균형을 만들어 주는 친구가 됩니다. 아이의 마음을 다스리고 자존감을 키워 주는 가장 따뜻한 방법, 그것이 바로 음악이 가진 힘입니다.

음악은 아이 마음의 불안을 달래 주고 감정을 조절하게 돕는 가장 따뜻한 친구입니다. 감정의 출구가 되어 주고 마음의 온도를 맞춰 주는 음악은, 아이에게 정서적 안정감과 회복력을 길러 줍니다. 단순히 예술적 감성을 키우는 것을 넘어, 마음을 다스리고 스스로를 위로할 수 있는 힘을 키우는 과정입니다. 음악은 또한 두뇌 발달에도 큰 도움을 줍니다. 악기를 연주할 때는 손, 눈, 귀, 그리고 마음이 동시에 작동하기 때문에 집중력, 기억력, 사고력, 감정 조절력이 함께 자랍니다. 악기의 종류보다 중요한 것은 꾸준함과 몰입의 깊이입니다. 매일 반복되는 연습 속에서 아이는 자신의 감정을 담아 소리를 내며, 스스로를 다스리는 법을 배웁니다.

음악은 아이에게 인내와 끈기를 가르칩니다. 원하는 소리를 만들기까지의 시행착오 속에서 아이는 실패를 견디고, 다시 도전하는 힘을 키워 갑니다. 그래서 악기를 꾸준히 배운 아이들은 학교생활에서도 자기 통제력과 집중력이 높은 모습을 보이곤 합니다. 또한 잔잔한 음악은 학습 분위기를 안정시키고, 시험 전 긴장을 풀어 주는 좋은 도구가 됩니다. 무엇보다 음악은 가족의 감정을 이어 주는 다리입니다. 저녁에 가족이 함께 음악을 들으며 하루를 마무리하거나, 거실 한편에 악기를 두고 자연스럽게 연주하는 가정은 보이지 않는 정서적 울타리를 가진 집입니다. 이런 환경 속에서 자란 아이는 감정을 표현하고, 타인의 감정을 공감하는 능력을 자연스럽게 키워 갑니다. 유대인들은 "모든 아이가 악기 하나는 배워야 한다"고 말합니다. 그 이유는 음악이 단순한 재능이 아니라 인간의 핵심 역량을 기르는 훈련이기 때문입니다. 자기 조절력, 감성, 창의력, 집중력, 인내심. 이 모든 것이 음악 속에서 자라납니다. 음악은 공부보다 먼저, 마음을 다스리는 법을 가르치는 교육입니다.

음악 교육은 언제 시작해도 늦지 않습니다. 중학생이든 고등학생이든, 음악은 언제든 아이의 삶 속에 들어와 마음을 풍요롭게 해 줄 수 있습니다. 중요한 것은 '빨리 시작하는 것'이 아니라, '지금 시작하는 것'입니다. 악기를 완벽하게 다루는 능력보다 더 중요한 것은 음악을 즐기는 시간입니다. 악기 하나를 손에 쥐고, 음 하나를 내 보고, 매일 10분이라도 꾸준히 연습하는 과정이 아이의 마음을 다듬고 감정을 조율하는 시간이 됩니다. 피아노든, 우쿨렐레든, 리코더든. 아이 스스로 흥미를 느끼는 악기라면 그것이 최고의 출발점입니다. 음악은 아이에게 꾸준함, 인내심, 자기조절력을 길러 줍니다.

시간이 지나면 성적이나 점수는 잊히지만, 어릴 적 마음으로 느꼈던 음악은 평생 기억 속에 남습니다. 불안하거나 외로운 날, 음악은 조용히 아이 곁을 지켜 주며 위로가 되고, 기쁘고 설레는 순간엔 그 감정을 더욱 깊게 만들어 줍니다. 음악은 아이의 삶 전반에 스며드는 감정의 언어이자 평생의 친구입니다. 아이에게 음악을 가르친다는 것은 단순한 기술 교육이 아닙니다. 그것은 아이가 자신의 마음을 이해하고 위로받을 수 있는 도구를 쥐어 주는 일이며, 세상의 소음 속에서도 스스로를 지켜 낼 수 있는 내면의 힘을 길러 주는 과정입니다. 부모님께 전하고 싶은 한마디가 있습니다. 오늘, 자녀에게 음악을 선물해 주세요. 그 음악은 책보다 오래 남고, 돈보다 값지며, 어떤 성공보다도 깊고 길게 울리는 인생의 선물이 될 것입니다.

 음악은 평생의 친구

음악은 아이에게 단순한 소리가 아니라 마음의 언어이자 평생의 친구입니다. 부모는 아이에게 좋은 집과 교육, 기회를 물려주고 싶어 하지만, 시간이 지나 가장 오래 남는 것은 함께 나눈 음악의 기억일지도 모릅니다. 함께 들었던 노래, 피아노 앞에서 흥얼거리던 멜로디 한 줄이 아이 마음속에서 평생 위로와 용기가 되어 줍니다. 음악은 조언보다 따뜻하고, 말보다 깊은 위로로 아이의 감정을 어루만지고 마음을 회복시키는 친구입니다. 그래서 음악은 단순한 취미가 아니라 감정의 폭을 넓히고 사고의 깊이를 키우는 언어입니다. 악보의 음표는 단순한 기호가 아니라, 감정이 형태를 갖추는 과정이며 음악을 통해 아이는 세상을 더 따뜻한 시선으로 바라보게 됩니다. 삶의 어느 순간 흔들리더라도, 음악은 아이 마음의 등불이 되어 조용히 곁을 지키며 스스로를 다독이게 합니다.

음악은 단순한 '소리의 예술'이 아니라, 감정과 상상력을 일깨우는 언어입니다. 비발디의 〈사계 - 봄〉을 들으면 새싹이 돋고, 꽃잎이 흩날리며, 햇살이 반짝이는 풍경이 눈앞에 펼쳐집니다. 이처럼 음악은 자연의 리듬과 생명의 움직임을 느끼게 하며, 삶의 아름다움과 의미를 다시 깨닫게 해 줍니다.

베토벤의 교향곡들은 감정의 여정을 보여 줍니다. 3번 〈영웅〉은 용기, 5번 〈운명〉은 의지, 6번 〈전원〉은 평화, 9번 〈합창〉은 조화와 희망을 들려

줍니다. 아이에게 이런 음악을 들려주는 것은 단순한 감상이 아니라, 감정의 폭을 넓히고 세상을 깊이 느끼는 감수성을 길러 주는 일입니다.

멘델스존은 17세에 셰익스피어의 『한여름 밤의 꿈』에 감동해 그 감정을 음악으로 옮겼습니다. 그의 서곡에는 문학과 예술이 만나는 창의의 순간이 담겨 있습니다. 또한 슈만의 〈시인의 사랑〉은 사랑의 기쁨과 슬픔, 희망과 체념을 섬세하게 표현하며, 아이에게 공감과 감정의 깊이를 일깨워 줍니다.

프란츠 리스트의 〈사랑의 꿈〉은 단순히 낭만적인 제목의 음악이 아니라, 사랑이 가진 모든 감정과 인생의 이야기를 담은 곡입니다. 잔잔한 선율 속에는 첫사랑의 설렘, 그리움, 그리고 잃어버린 사랑의 여운이 스며 있습니다. 음악은 조용히 시작해 점점 깊어지며, 사랑의 기쁨과 아픔, 회복을 한 편의 이야기처럼 들려줍니다. 리스트는 이 곡을 통해 말합니다. "사랑은 아프기도 하지만, 그 사랑 덕분에 우리는 더 따뜻한 사람이 된다."

아이에게 음악을 가르친다는 것은 단순한 실력 향상이 아닙니다. 음악은 아이가 자신의 감정을 이해하고 다스리는 법을 배우는 시간입니다. 연주를 통해 아이는 마음을 표현하고 정리하며, 스스로를 다독이는 힘을 기릅니다. 또한 클래식 음악은 집중력과 정서 안정에 도움을 주어 학습에도 긍정적인 영향을 줍니다. 무엇보다 음악을 통해 아이는 다양한 감정을 체험하고, 공감과 감성의 깊이를 배워 세상을 더 따뜻한 시선으로 바라보게 됩니다.

　　　　　　　　　공부보다 먼저, 부모가 가르쳐야 할 것

음악은 한 사람의 감성을 채우는 것을 넘어, 가족의 마음을 이어 주는 따뜻한 다리가 됩니다. 가족이 함께 음악을 듣는 시간은 말없이 서로의 마음을 확인하는 순간이며, 거실에 놓인 악기 하나는 그 집의 공기를 부드럽게 감싸 줍니다. 저녁 식사 후 한 곡의 음악을 함께 들을 때, 가족은 음악 속에서 서로를 이해하고 연결됩니다. 음악은 말을 대신해 감정을 전하고, 사랑의 온도를 지켜 주는 언어가 되어 줍니다.

아이에게 음악을 들려주고, 악기 하나를 쥐여 주세요. 그것은 단순한 재능 교육이 아니라, 감정을 표현하고 마음을 다스리는 과정입니다. 서툴고 어색해도 괜찮습니다. 그 첫 울림이 아이 마음속 깊이 남아, 평생을 지켜 주는 친구가 됩니다. 시험 점수는 잊히지만, 어릴 적 배운 음악은 평생 마음의 위로로 남습니다. 외로운 날에도, 기쁜 날에도 음악은 아이 곁에서 조용히 마음을 다독여 줄 것입니다.

어느 날 한 통의 문자가 도착했습니다. "선생님, 규민이가 의대에 합격했어요. 그리고 지금도 플루트를 배우고 있어요." 10년 전 제자였던 아이의 소식이었습니다. 초등학교 2학년이던 규민이는 조용하고 성실한 아이였습니다. 그때 저는 아이들에게 "음악은 마음의 언어야"라고 자주 말하곤 했습니다. 공부만큼이나 마음을 다스리는 힘이 중요하다고 믿었기 때문입니다. 그래서 규민이에게는 따뜻한 음색의 플루트를 추천했습니다. 혼자서도 꾸준히 이어 갈 수 있는 악기이자, 마음을 다스리는 도구였지요. 세월이 흘러, 그 작은 권유가 아이의 인생 속에서 여전히 살아 있었던 겁니다. 입시로 바쁜 시간 속에서도 아이는 플루트를 놓지 않았다고 했습니다. "힘들 때마다 그 소리를 들으면 마음이 차분해졌어요." 그 한마디가 모든 것을 설명해 주었습니다. 음악은 단지 기술이 아니라, 아이의 마음을 지탱해 준 쉼터이자 위로의 언어였던 것입니다.

음악은 단지 실력이나 성취의 문제가 아닙니다. 악기를 연주한다는 것은 자신의 내면을 돌보고, 감정을 조용히 정리하는 시간입니다. 공부의 긴 여정 속에서도 음악은 아이의 마음을 지켜 주는 작은 쉼표가 되어 줍니다. 그날 저는 깨달았습니다. 교사의 한마디, 부모의 한 권유가 한 아이의 삶에 평생을 지탱할 힘이 될 수 있다는 사실을요.

악기를 배우는 첫 시작은 누구에게나 쉽지 않습니다. 소리가 제대로 나지 않고, 손가락은 어색하며, 숨은 자꾸 끊기기 마련이지요. 생각처럼 되지 않는 날엔 스스로에게 실망하고, 그만두고 싶은 마음이 들기도 합니다. 하지만 그 과정을 천천히 견디다 보면, 어느 날 '소리'가 마음으로 들어오는 순간이 찾아옵니다. 그때 아이는 처음으로 자신이 만들어 낸 음악에 감동하며, '해야 하는 일'이 아닌 '하고 싶은 일'로 느끼게 됩니다.

규민이도 그랬습니다. 처음엔 음정을 맞추기 위해 수없이 반복하고, 손끝의 감각을 익히며 고군분투했겠지요. 그러다 어느 날, "비브라토를 처음 넣었을 때, 제 손에서 나오는 소리가 너무 아름다워서 감동했어요." 이 한마디는 음악이 단지 기술이 아니라 마음을 여는 경험임을 보여 줍니다. 음악 교육은 결국 감정을 다스리고 표현할 수 있도록 돕는 일입니다. 지식을 넘어서 삶에 울림을 전해 주는 것, 그것이 진짜 교육의 힘이 아닐까요. 이제 규민이는 의대생이 되어, 사람의 몸과 마음을 함께 치유할 준비를 하고 있습니다. 플루트를 꾸준히 이어온 그 시간들이 그녀를 단단하게 만들어 주었을 것입니다. 언젠가 병원 한 켠에서 그녀가 플루트를 연주하며 환자와 가족에게 조용한 위로를 전하는 모습을 상상하면, 마음이 따뜻해집니다.

시간이 흐른 지금, 저는 그 말을 떠올릴 때마다 깊은 울림을 느낍니다. 누군가의 인생에 조용히 건넨 말 한마디가 얼마나 오랫동안, 또 얼마나 멀리까지 영향을 미칠 수 있는지를 실감하게 되기 때문입니다. 어린 시절 규민이 손에 처음 쥐어진 플루트가, 그녀의 삶 속에서 단순한 악기를 넘어 평생을 함께해 줄 벗이 되고, 힘겨운 순간마다 마음을 붙들어 주는 숨

결이 되었다는 사실이 교사로서도 가슴 벅찬 일이 아닐 수 없습니다. 가끔 상상해 봅니다. 의사가 된 규민이가 하얀 가운을 입고 진료를 마친 뒤, 병원 한 켠에서 조용히 플루트를 연주하는 모습을요. 그 소리는 단순한 음악을 넘어, 환자와 보호자, 의료진 모두의 마음을 어루만지는 또 다른 치유의 손길이 될 것입니다. 어린 시절 작은 손으로 플루트를 잡던 아이가 이제는 생명을 다루는 손이 되었다는 사실은 참 놀랍고, 그 자체로 한 편의 시처럼 느껴집니다. 음악이 그녀의 삶에 깊이 스며들어 사람을 위로하고 치유하는 또 하나의 언어가 된 것이지요.

　부모님들께 꼭 전하고 싶은 말이 있습니다. 음악은 결코 공부의 방해 요소가 아닙니다. 오히려 아이의 마음을 붙잡아 주는 버팀목, 복잡한 감정을 정리해 주는 통로이며, 집중력과 표현력, 공감 능력을 자라게 하는 든든한 친구입니다. 악기 하나를 손에 쥐여 주는 일은 단순히 음악을 배우게 하는 것이 아니라, 아이에게 삶을 살아갈 내면의 언어를 선물하는 일입니다. 그 악기는 언젠가 아이가 힘들 때 곁을 지켜 주는 친구가 되고, 기쁠 때는 감정을 더 크게 울려 주는 공명이 되며, 외로울 때는 말없이 마음을 다독여 주는 따뜻한 품이 되어 줄 것입니다. 지금 우리가 아이에게 건네는 악기 하나, 그 시작은 작아 보여도 그 의미는 결코 작지 않습니다. 그것은 아이의 마음을 단단하게 하고, 세상을 향해 따뜻하게 열어 주는 평생의 선물이 될 것입니다.

 　　　　　　　　　　　공부보다 먼저, 부모가 가르쳐야 할 것

31장 정직하게 산다는 것은

가수 션과 축구선수 출신 이영표, 서로 다른 길을 걸어온 두 사람은 '정직'에 대해 같은 이야기를 했습니다. "아이에게 단 한 가지를 꼭 가르쳐야 한다면, 저는 정직이라고 말하고 싶어요." 션의 말에 이영표는 고개를 끄덕이며 말했습니다. "정직은 인생 전체를 지탱하는 뿌리와 같습니다." 그들의 말처럼 정직은 단순히 '착하게 사는 것'이 아니라 사람과 사람 사이의 신뢰를 만드는 힘입니다. 정직한 사람은 말과 행동이 일치하기 때문에 신뢰를 얻고, 그 신뢰는 시간이 지나도 흔들리지 않습니다. 반대로 거짓은 단 한 번의 실수로도 모든 신뢰를 무너뜨릴 수 있습니다. 그래서 정직은 관계의 시작이자 끝을 지켜 주는 가장 중요한 원칙입니다. 정직을 배운 아이는 친구와 사회로부터 신뢰받을 뿐 아니라, 스스로를 지키는 법도 배웁니다. 거짓은 또 다른 거짓을 낳지만, 정직한 태도는 실수를 인정하고 바로잡는 용기를 키워 줍니다. 그 용기가 쌓여 자기 신뢰가 되고, 아이의 내면을 단단하게 세워 주는 보이지 않는 힘이 됩니다.

정직함은 단순히 거짓말을 하지 않는 것이 아니라, 자기 안의 양심에 귀 기울이는 습관에서 시작됩니다. "이건 해야 해", "이건 하면 안 돼"라는 내면의 목소리에 솔직해질 수 있는 힘이 정직의 본질이지요. 이 힘은 아이가 스스로 판단하고 선택할 수 있는 삶의 나침반이 되어 줍니다. 정직은 훈계로 가르칠 수 있는 덕목이 아닙니다. 아이의 일상 속에서 자연스럽게 길러져야 합니다. 거짓말을 했을 때 무조건 혼내기보다, "왜 그렇게 했을까?"라고 물으며 아이의 마음을 이해하려는 대화가 필요합니다. 그리고 솔직하게 털어놓았을 때는 "사실대로 말해 줘서 고마워."라는 한마디가 아이에게 '솔직해도 괜찮다'는 확신을 심어 줍니다. 이 믿음 속에서 아이의 정직은 두려움이 아니라 신뢰로 자라납니다.

무엇보다 부모가 먼저 정직한 본보기가 되어야 합니다. 작은 약속을 지키고, 실수를 인정하는 모습을 보여 줄 때 아이들은 말보다 더 큰 가르침을 배웁니다. 정직하게 말했을 때 "솔직하게 말해 줘서 고마워.", "그건 용기 있는 행동이었어." 이런 구체적인 칭찬은 아이의 마음속에 "정직은 좋은 일이다"라는 확신을 심어 줍니다. 아이와 이야기할 때는 정답을 가르치려 하기보다, 스스로 생각할 수 있는 질문을 던져 주세요. "거짓말을 하고 싶었던 적이 있었니?", "정직하게 말했는데 속상했던 적은 없었니?" 이런 질문은 아이가 자신의 경험을 떠올리며, 정직의 의미를 마음으로 이해하게 합니다. 정직은 늘 쉬운 선택이 아닙니다. 때로는 불편하거나 손해를 볼 수도 있지요. 하지만 부모는 이렇게 말해 줄 수 있습니다. "정직은 네 마음의 나침반이야. 그 방향을 믿고 걸어가면, 어떤 길에서도 길을 잃지 않을 거야." 이 말은 아이에게 정직이 두려움이 아닌 용기임을 가르쳐 줍니다.

　　　　　　　　　　공부보다 먼저, 부모가 가르쳐야 할 것

정직을 선택한 아이는 당장은 외롭고 어려워 보일 수 있습니다. 하지만 시간이 지나면 자신의 가치를 지켜온 사람으로서의 자부심을 얻게 됩니다. 그 믿음은 어떤 성취보다 오래 남는 삶의 자산이 됩니다. 정직함은 단순한 도덕이 아니라, 자기 중심을 잃지 않고 살아가는 태도입니다. 부모로서 우리가 줄 수 있는 최고의 선물은, 정직이 실패를 부르는 위험한 선택이 아니라 삶을 단단하고 아름답게 만드는 힘이라는 것을 아이가 믿게 해 주는 일입니다. 그래서 아이가 실수하거나 정직함으로 인해 어려움을 겪을 때에도 이렇게 말해 주세요.

"거짓 없이 살아도 괜찮아. 넌 그런 너여서 충분히 멋져."

아이들은 어른들의 말을 그냥 흘러듣지 않습니다. 부모가 무심코 던진 한마디, 푸념처럼 내뱉은 말 한 줄도 아이 마음속에 깊이 새겨집니다. 그 말들은 생각이 되고 감정이 되어, 아이의 자존감과 성격, 그리고 세상을 바라보는 태도를 서서히 만들어 갑니다. 겉으로는 아무 반응이 없어 보여도, 아이는 부모의 말 속에서 자신이 어떤 존재인지를 배우고 있는 것입니다. 아이들은 말의 내용뿐 아니라 말투, 표정, 감정까지 함께 배웁니다.

"오늘 너무 힘들다", "너는 왜 항상 그러니?", "다른 아이는 참 잘하더라" 같은 말들은 부모의 의도와 상관없이 아이 마음에 '나는 부족한가 봐'라는 생각을 남깁니다. 반면 "괜찮아", "잘했어", "넌 참 소중해" 같은 말이 자주 오가는 집은 따뜻하고 안정된 공기를 만들어 주며, 그 속에서 자란 아이는 스스로를 믿고 세상을 두려워하지 않는 힘을 갖게 됩니다. 결국, 가정 안의 말은 그 집의 정서적 온도를 결정합니다. 부모의 말은 시간이 지나도 사라지지 않고 아이의 마음속에 내면의 목소리로 남습니다. 그 말이 격려와 위로로 남으면 아이는 스스로를 일으킬 수 있는 힘을 얻지만, 비난과 비교로 남으면 자신을 탓하며 위축되기도 합니다.

아이에게 가장 큰 영향을 미치는 것은 훈육이 아니라 부모의 말 습관입니다. 단호한 지적이나 조언보다, 매일 반복되는 말투·어조·단어 선택이 아이 마음에 훨씬 더 깊이 새겨집니다. 예를 들어, "왜 또 틀렸어? 몇 번을

 공부보다 먼저, 부모가 가르쳐야 할 것

말해야 알아들어?"라는 말은 단순한 지적처럼 들리지만, 아이에게는 "나는 늘 부족한 사람이야."라는 부정적인 믿음으로 남습니다. 반대로, "이번엔 틀렸지만 괜찮아. 다음엔 더 잘할 수 있어."라고 말하면 "나는 실수해도 괜찮은 사람"이라는 긍정적 자기 확신이 자리 잡습니다. 이 한마디의 차이가 자존감과 회복력을 결정짓습니다.

한 초등학생이 자주 "나는 바보야"라고 말한 이유는 엄마의 "너 바보 아니야?"라는 말이 반복되었기 때문이었습니다. 엄마에겐 장난이었지만, 아이에게는 자신을 정의하는 문장이 된 것이죠. 그 결과 아이는 잘해도 자신을 인정하지 못하고, 실수하면 "역시 난 못하는 애야"라며 스스로를 낮췄습니다. 반대로, "넌 참 따뜻한 아이야.", "그게 네 가장 멋진 힘이야." 이런 말을 듣고 자란 아이는 스스로를 좋은 사람이라 믿으며, 감정을 조절하고 관계를 건강하게 맺을 줄 압니다. 부모의 말 한마디는 순간의 감정이 아니라 아이의 평생을 바꾸는 씨앗입니다. 무심한 말이 자존감을 무너뜨릴 수도 있지만, 따뜻한 격려 한마디는 아이 인생의 버팀목이 됩니다.

부모로서 당장 시작할 수 있는 가장 큰 변화는 말 습관을 의식적으로 바꾸는 것입니다. 처음엔 쉽지 않지만, 아주 작은 말의 전환이 아이의 마음에는 큰 차이를 만듭니다. 예를 들어, "왜 또 그래?" 대신 "어디가 어려웠니?", "다른 애들은 다 잘하던데" 대신 "넌 너만의 속도로 가도 괜찮아"라고 말해 보세요. 이 짧은 말 한 줄이 아이 마음속에 '나는 괜찮은 사람이야'라는 믿음을 심습니다. 아이들은 부모의 말을 단순히 듣는 것이 아니라, 그 말로 자신을 정의합니다. 따뜻한 말은 아이의 내면에 자존감의 뿌리를 내리게 하고, 무심한 말은 상처로 남아 스스로를 탓하게 만듭니다.

　잠들기 전, 아이에게 어떤 말을 건네시나요? "넌 충분히 잘하고 있어.", "실수해도 괜찮아, 엄마는 널 믿어." 이런 말들은 작지만 강력한 자존감의 씨앗이 되어 아이가 세상 앞에서도 당당하게 설 수 있는 힘을 길러 줍니다. 말은 눈에 보이지 않지만, 가장 오래 남는 흔적입니다. 아이의 마음속에는 부모의 말로 쓰인 수많은 문장들이 살아 있으며, 그 문장들이 아이의 생각, 감정, 행동을 이끌어 갑니다. 결국 아이의 성장을 결정짓는 것은 대단한 교육도, 비싼 환경도 아닌 부모의 한마디에 담긴 사랑과 신뢰의 온도입니다. 오늘, 당신은 아이에게 어떤 말을 건네시겠습니까? 그 한마디가 아이의 평생을 지탱할 문장이 될지도 모릅니다.

　　　　　　　　　　　　　공부보다 먼저, 부모가 가르쳐야 할 것

33장 성적보다 먼저 가르쳐야 할 세 가지

많은 부모님들이 하루에도 여러 번 "공부 좀 해라"라는 말을 합니다. 하지만 아이가 진짜로 듣고 싶은 말은 그보다 훨씬 다릅니다. 아이의 삶을 길고 단단하게 지탱해 주는 힘은 인성, 감정조절력, 자기주도성에서 비롯됩니다. 공부보다 먼저 길러야 할 것은 사람됨입니다. 지식보다 오래가는 건 성실함과 배려, 그리고 신뢰입니다. 약속을 지키고, 갈등을 대화로 풀며, 작은 일에도 감사할 줄 아는 태도는 성적보다 훨씬 큰 인생의 자산이 됩니다.

아이에게 인성을 길러 주기 위한 부모의 실천은 어렵지 않습니다. "고맙다", "미안하다" 같은 말을 자주 건네고, 남을 배려한 행동을 했을 때는 성적보다 크게 칭찬해 주세요. 무엇보다 부모가 직접 본보기가 되는 모습을 보여 주는 것이 중요합니다. 요즘 아이들은 분노, 불안, 자존감의 흔들림 속에서 자랍니다. 하지만 감정을 다루는 방법은 배우지 못합니다. 이럴 때 부모의 한마디가 아이의 마음을 다독이는 힘이 됩니다. "그만해!" 대신 "화가 났구나.", "속상했겠다." 이렇게 말하면 아이는 감정을 인식하고 스스로 정리하는 법을 배웁니다. 공감받을 때 감정은 자연스럽게 가라앉고, 그 속에서 감정조절력이 자랍니다. "괜찮아", "다시 해 보자", "너라면 잘할 수 있어" 같은 부모의 짧은 말들이 아이의 자존감과 자기주도성을 키웁니다. 결국 아이의 인생을 지탱하는 건 공부의 기술이 아니라 마음을 다스리는 힘입니다.

아이의 감정은 특별한 순간보다 일상의 작은 시간 속에서 가장 자연스럽게 드러납니다. 함께 걷는 산책길, 조용히 음악을 듣는 시간, 아무 목적 없는 대화 한마디 속에서 아이의 마음은 조금씩 열립니다. 이때 부모는 아이의 감정을 '고쳐 주는 사람'이 아니라, 감정이 안전하게 머물 수 있는 공간이 되어야 합니다. "그럴 수도 있지"라는 짧은 말 한마디가 아이에게 "나는 이런 감정을 가져도 괜찮은 사람이야"라는 자기 수용의 힘을 심어 줍니다. 감정을 다룰 줄 아는 아이는 실패 앞에서도 쉽게 무너지지 않습니다. 갈등 속에서도 관계를 회복할 줄 알고, 자신을 있는 그대로 바라볼 줄 압니다. 이 감정조절력은 인생의 모든 도전 앞에서 아이를 단단히 세워 주는 기반이 됩니다.

그리고 그 힘은 부모의 한마디, 한 눈빛, 한 손길 속에서 조용히 자라납니다. 이제는 "공부해라"라는 말을 다시 생각해 볼 때입니다. 그 말속에는 부모의 사랑이 담겨 있지만, 스스로 배우고자 하는 힘, 즉 자기주도성을 키워 주진 못합니다. 아이에게 "어떻게 해 볼까?"라고 묻는 한마디는 단순한 질문이 아니라, 생각하고 선택할 권리를 주는 말입니다. 부모가 대신 결정하지 않고 기다려 줄 때, 아이의 내면에서는 스스로 배우고자 하는 동기가 피어납니다. 그리고 "실패해도 괜찮아"라는 부모의 신뢰는 다시 도전할 수 있는 원동력이 됩니다.

결국 공부는 인성, 감정조절력, 자기주도성이라는 세 가지 뿌리 위에서 맺히는 열매입니다. 인성이 있으면 세상과 건강하게 어울리고, 감정조절력이 있으면 어려움 앞에서도 무너지지 않으며, 자기주도성이 있으면 배

     공부보다 먼저, 부모가 가르쳐야 할 것

움이 의무가 아닌 즐거운 여정이 됩니다. 부모의 역할은 그 여정을 대신 걸어 주는 것이 아니라, 곁에서 믿고 기다려 주는 것입니다. 아이 스스로 자신의 리듬을 찾아갈 때, 부모의 신뢰와 기다림이 평생의 힘이 됩니다. "문제집 몇 장 풀었니?"라는 질문보다 "오늘 너의 마음은 어땠니?"라는 말이 아이의 마음에 훨씬 깊이 닿습니다. 성적보다 중요한 것은 아이가 오늘 어떤 감정을 느끼고, 그 감정을 어떻게 다스리며 하루를 살아 냈는가 하는 내면의 성장 과정입니다.

부모의 한마디는 아이의 하루를 비추는 따뜻한 빛이 됩니다. 그 말에 진심이 담겨 있다면, 아이는 자신이 사랑받고 있다는 확신을 얻고 조금 더 단단한 마음으로 내일을 살아갈 힘을 얻습니다. 아이의 인격은 그렇게, 매일 부모의 말과 눈빛 속에서 자라납니다. 성적표의 숫자보다 중요한 것은 아이의 존재 그 자체입니다. 아이의 가치관, 태도, 마음의 방향이 자라는 것이 진정한 성장입니다. 그 성장은 지시나 잔소리로 만들어지지 않습니다. 있는 그대로의 아이를 바라봐 주는 시선과 따뜻한 한마디가 아이를 평생 지탱해 줄 가장 든든한 토대가 됩니다.

34장 결과가 아닌 과정으로 칭찬하라

부모가 아이에게 가장 자주 묻는 말은 "시험 몇 점 받았니?", "이번엔 1 등 했어?", "왜 이건 틀렸어?"일 것입니다. 하지만 이런 질문은 의도와 달리, 아이에게 '결과가 가장 중요하다'는 메시지를 남깁니다. 이 말들이 반복되면 아이는 점수와 등수로 자신의 가치를 판단하게 되고, '잘해야 사랑받는다'는 조건부 자존감을 갖게 됩니다. 칭찬을 받을 땐 잠시 기쁘지만, 성적이 떨어지면 자신을 부정하고 불안에 사로잡히죠. 공부는 성취의 기쁨이 아닌 두려움의 반복이 되어 버립니다. 반대로, 과정 중심의 칭찬은 아이의 마음을 단단하게 세워 줍니다. "어려운 문제를 포기하지 않았구나.", "끝까지 집중했더라, 정말 대단했어." 이런 말은 점수와 상관없이 아이의 노력과 태도를 인정해 줍니다. 그 안에서 아이는 "나는 성장하고 있어.", "나는 괜찮은 사람이야."라는 내적 확신을 키웁니다. 결과보다 노력과 용기를 봐 주는 시선, 그 따뜻한 한마디가 아이의 자존감을 지탱하는 뿌리가 됩니다.

한 아이가 전교 1등을 했을 때, 아버지는 "이건 왜 틀렸어?"라고 물었습니다. 그 한마디는 칭찬보다 강한 상처가 되었고, 아이에게 공부는 즐거움이 아닌 부담이 되었습니다. 반면 수학에서 70점을 받은 아이에게 어머니가 "전보다 더 집중했더라, 정말 자랑스러워."라고 말했을 때, 아이의 눈에는 눈물이 고였습니다. "저 잘하고 있는 거예요?"라는 질문 속엔 인정받고 싶은 마음이 담겨 있었던 것이죠. 그 후 아이는 스스로의 성장을 믿고

공부보다 먼저, 부모가 가르쳐야 할 것

공부를 이어 갔습니다. 결국 아이를 움직이는 것은 점수가 아니라 '인정받는 경험'입니다. 결과보다 과정을 칭찬하는 말, 실수 속에서도 용기와 노력을 봐 주는 시선이 아이의 마음을 성장시키는 가장 강력한 교육입니다. 아이들은 부모의 말에서 자기 존재의 가치를 배우고, 그 말로 세상을 이해해 갑니다. 따뜻한 한마디가 아이의 삶을 바꿀 수도 있고, 무심한 말 한 줄이 상처가 될 수도 있습니다. 그러니 오늘 하루, 아이가 어떤 결과를 가져왔는지보다 그 안의 노력과 마음을 먼저 봐 주세요. 그 시선이 아이에게 "나는 사랑받고 있어"라는 확신을 주고, 그 믿음이 앞으로의 삶을 살아가는 가장 강한 힘이 됩니다.

공부의 진짜 목적은 점수가 아니라 생각하는 힘을 기르는 데 있습니다. 문제를 겁내지 않고 스스로 접근하는 용기, 목표를 세우고 집중하는 자기관리력, 실패 앞에서도 다시 시도하는 끈기. 이 모든 경험이 쌓일 때, 공부는 지식을 넘어 삶의 힘을 키우는 과정이 됩니다. 성적은 그 과정의 자연스러운 결과일 뿐이지요. 그래서 부모는 결과보다 과정과 태도에 주목해야 합니다. 아이가 어떤 마음으로 공부했는지, 어떤 어려움을 극복했는지를 바라보는 시선이 아이를 성장시킵니다. 점수로만 평가받은 아이는 '잘해야만 사랑받는다'는 조건부 자존감을 갖게 되고, 실수에 쉽게 무너집니다. 하지만 노력과 과정을 인정받은 아이는 자신을 믿고, 어떤 상황에서도 흔들리지 않는 내면의 힘을 키워 갑니다.

부모가 아이에게 해 주는 한마디는 생각보다 오래 남습니다. "몇 등 했어?", "왜 틀렸어?" 같은 질문은 아이를 점수의 틀 안에 가두기 쉽습니다.

그 대신 이렇게 바꿔 보세요. "이번 시험에서 어떤 점이 어려웠니?", "공부할 때 네가 세운 계획은 어땠니?", "이번엔 어떤 부분에서 네가 더 나아졌다고 느껴?" 이런 질문은 결과보다 과정과 생각에 초점을 맞추게 합니다. 또 "틀렸잖아."라는 말보다는 "틀렸지만, 끝까지 시도한 네 모습이 멋졌어.", "결과는 아쉽지만, 넌 분명히 성장하고 있어." 같은 말이 아이의 자존감을 지켜 주는 따뜻한 지지가 됩니다.

부모의 이런 말 한마디가 아이의 공부를 바라보는 시선을 바꿉니다. 공부는 누군가의 기대를 채우는 의무가 아니라, 스스로 성장하고 자신을 발견하는 여정이 됩니다. 그 여정을 응원해 주는 부모의 시선은 아이에게 줄 수 있는 가장 큰 선물입니다.

   공부보다 먼저, 부모가 가르쳐야 할 것

35장 실패를 두려워하지 않는 아이

　시험을 망치고 고개를 숙인 아이에게 "괜찮아, 잘했어."라고 말해도, 아이는 조용히 "실패했어요. 엄마는 안 속상하세요?"라고 되묻습니다. 그 말속에는 죄책감, 두려움, 그리고 사랑받지 못할까 하는 불안이 숨어 있습니다. 이럴 때 부모가 해야 할 일은 결과를 묻거나 조언을 하는 것이 아니라, 아이의 마음을 있는 그대로 품어 주는 것입니다. "실패해도 괜찮아. 그건 네가 자라고 있다는 증거야." 이 한마디는 어떤 훈계보다 깊은 위로가 됩니다. 요즘 아이들은 작은 실수에도 자신을 탓하고, 완벽하지 않으면 사랑받지 못한다고 믿습니다. 그 이유는 일상 속에 실패를 부끄럽게 만드는 말이 너무 많기 때문입니다. "왜 또 틀렸어?", "다른 애들은 잘하던데?" 같은 말은 '실패하면 실망을 주는 존재가 된다'는 잘못된 믿음을 심습니다. 그 결과 아이는 도전보다 안전한 선택을 하게 되고, 시도를 두려워하는 사람이 됩니다.

　하지만 실패는 성장의 또 다른 이름입니다. 아이가 넘어졌을 때 필요한 것은 조언이 아니라, "그럴 수도 있지, 괜찮아. 넌 여전히 소중해."라는 사랑의 확신입니다. 그 말이 아이에게 "실패해도 나는 괜찮은 사람"이라는 믿음을 심어 줍니다. 성공보다 더 중요한 것은 실패를 견디는 법을 배우는 것입니다. 인생에는 오르막만 있는 것이 아니기에, 아이가 실패 속에서도 자신을 미워하지 않고 그 안에서 배움을 찾을 수 있도록 도와주는 것이 부모의 진짜 역할입니다. 실패는 끝이 아니라 성장의 시작점입니다.

성공이 결과라면, 실패는 그 결과로 가는 과정의 이름이지요. 아이들은 실패를 통해 인내, 회복력, 그리고 스스로를 포기하지 않는 힘을 배우게 됩니다. 넘어지지 않는 아이보다, 넘어져도 다시 일어나는 아이가 진짜로 강한 이유가 여기에 있습니다.

한 아버지와 아들의 이야기가 그걸 보여 줍니다. 초등학교 5학년 아들이 수학 경시대회에서 단 1점 차로 떨어졌을 때, 아버지는 결과를 묻지 않았습니다. 대신 아이를 안으며 말했습니다. "속상했지. 하지만 넌 이미 멋진 도전가야. 아빠는 네가 준비한 그 시간만으로도 자랑스러워." 그 말은 아이의 마음을 단단히 붙잡았고, 그는 1년 뒤 다시 도전해 전국대회에서 상을 받았습니다. 아이는 이렇게 말했습니다. "아빠가 그때 믿어 주지 않았다면, 다시는 도전하지 않았을 거예요."

아이를 다시 일으켜 세운 것은 점수나 상이 아니라, 믿어 주는 한 사람의 존재였습니다. 아이에게 필요한 건 완벽한 결과가 아니라, "실패해도 괜찮아"라는 확신과 부모의 믿음입니다. 그 믿음이 아이 인생의 가장 든든한 안전망이 됩니다. 아이들이 실패를 두려워하는 이유는 결과 때문이 아니라, 그 실패를 대하는 어른의 반응 때문입니다. 시험을 망쳤을 때 들었던 "그럴 줄 알았어."라는 말, 실수했을 때의 차가운 시선, 성적이 좋을 때만 칭찬받았던 기억들은 아이에게 이렇게 속삭입니다. "나는 실패하면 사랑받지 못할 거야." 이 믿음이 쌓이면 아이는 도전보다 안전을 택하고, 실패를 피하려다 성장의 기회를 놓치게 됩니다. 아이에게 지금 필요한 것은 더 좋은 결과가 아니라, 실패해도 존중받는 경험입니다. "괜찮아, 시도했잖아. 그건 용기 있는 일이야." 이 한마디가 아이에게 "나는 여전히 괜찮은 사람"이라는 자기 확신을 심어 줍니다. 그때 비로소 아이는 실패를 두려움이 아닌 배움의 과정으로 받아들입니다.

시험을 망쳤을 때 "결과보다 네가 노력했던 모습이 더 멋졌어." 경기에서 졌을 때 "지면서 배우는 것도 많단다." 실수했을 때 "괜찮아, 누구나 실수는 해. 중요한 건 그다음이야." 이렇게 말해 줄 때, 아이는 실패 속에서도 성장의 의미를 배웁니다. 무엇보다 중요한 건 아이의 감정을 먼저 들어 주는 일입니다. 슬펐는지, 속상했는지, 실망했는지 그 마음을 스스로 표현할 수 있도록 기다려 주는 부모의 태도가 아이를 감정적으로 단단하게 키워 줍니다. 부모는 아이가 실패를 마주할 때마다 그 의미를 비춰 주는 거울 같은 존재입니다.

"괜찮아, 실패할 수도 있어. 다시 시작하면 되지." 이 평범한 한마디가 아이에게는 다시 도전할 용기가 됩니다. 실패를 자주 경험하고 그때마다 지지를 받은 아이는 쉽게 무너지지 않습니다. 실패를 두려워하지 않는 아이는 결국, 인생을 두려워하지 않는 아이로 자랍니다.

"Excellence is not a skill, it's an attitude."

탁월함은 기술이 아니라, 태도입니다.

- 랄프 마스턴

"탁월함은 기술이 아니라 태도입니다." 이 말처럼, 아이의 성장은 재능보다 어떤 마음가짐으로 임하느냐에 달려 있습니다. 태도는 단순한 예의가 아니라, 책임감·성실성·꾸준함을 가능하게 하는 내면의 힘입니다. 공부 역시 마찬가지입니다. 성적보다 먼저 세워져야 할 것은 공부를 대하는 태도입니다. 태도가 바로 서면 실패를 두려워하지 않고, 좌절 속에서도 다시 일어설 수 있는 회복력이 생깁니다. 반대로 태도가 흔들리면 아무리 좋은 환경과 교재가 있어도 그 효과는 오래가지 않습니다. 부모가 해줄 수 있는 최고의 응원은 결과보다 태도에 주목하는 것입니다. "오늘은 정말 성실했구나.", "끝까지 포기하지 않았네." 이런 말은 점수보다 훨씬 큰 자신감을 아이 마음에 심어 줍니다. 공부가 '해야 하는 일'이 아니라 '해내고 싶은 일'로 느껴질 때, 그 배움은 진짜 아이의 것이 됩니다.

짧게 보면 아이들의 실력 차이는 지능·기억력·집중력 때문인 것처럼 보이지만, 길게 보면 그 차이는 결국 태도에서 비롯됩니다. 비슷한 출발선에 있었던 아이들 사이에 몇 년이 지나 큰 격차가 생기는 이유도 바로 이 태도의 방향성이 다르기 때문입니다. 포기하지 않고 꾸준히 나아가는 아이와, 작은 실패에 쉽게 주저앉는 아이의 차이는 재능이 아닌 태도에서 시작됩니다. 아이에게 '태도'란 단순히 공부할 때의 자세가 아니라, 배움을 대하는 마음가짐과 삶의 방식입니다. 모르는 문제를 만나도 "한 번 더 생각해 볼까?"라고 묻는 용기, 누가 알려 주기 전에도 스스로 배우려는 열린 마음, 끝까지 고민해 보는 끈기가 바로 그 태도입니다. "운이 없었어" 대신 "어디서 부족했을까?"를 생각할 줄 아는 아이는 이미 성장하는 중입니다.

공부를 잘하는 아이들의 공통점은 머리가 아니라 태도의 깊이입니다. 지루한 문제에도 집중하고, 흥미가 떨어져도 목표를 놓지 않는 아이, 막힐 때 남 탓보다 스스로 방법을 찾는 아이. 이런 태도는 성적을 넘어 삶의 문제를 해결하는 힘이 됩니다. 아이의 태도를 바꾸고 싶다면, 먼저 부모의 시선부터 바뀌어야 합니다. 성적표 한 장으로 아이의 가치를 판단하기보다, 그 점수 뒤에 숨은 노력과 감정을 바라봐야 합니다. "이번엔 어떤 마음으로 공부했을까?", "얼마나 애썼을까?" 이런 질문이 아이의 마음을 열고, 공부를 '성적'이 아닌 '성장'의 과정으로 바라보게 만듭니다. 무심한 비교의 말은 아이의 태도를 무너뜨립니다. "누구는 잘하더라" 대신 "어제보다 조금 더 나아졌구나." 아이의 경쟁 상대는 친구가 아니라 어제의 나입니다. 작은 성취라도 과정 속에서 보여 준 끈기와 집중을 칭찬해 주세요. 그럴 때 아이는 "노력할 이유"를 배우고, 스스로를 존중하게 됩니다.

또한 실패를 대하는 태도는 아이의 자존감을 결정합니다. "괜찮아, 이 경험이 널 더 단단하게 해 줄 거야." 이 한마디가 아이를 다시 일어서게 합니다. 실패를 잘못이 아닌 성장의 일부로 바라볼 때, 아이는 두려움 대신 회복력을 배웁니다. 아이의 성장은 결과가 아니라 과정과 가능성을 보는 시선에서 시작됩니다. "성적이 더 올랐으면 좋겠어요"라는 말 속에는 결과 중심의 시선이 숨어 있습니다. 하지만 아이를 진심으로 이해하려면, "왜 아직 이 정도일까?"보다 "이만큼 자랐구나."라고 바라봐야 합니다. 아이는 아직 완성되지 않았고, 지금도 배우고 있는 중입니다. 노력하는 모습을 알아봐 주고, 과정을 칭찬하는 시선이 아이의 자존감과 성장의 원동력이 됩니다.

속도가 느려도 괜찮습니다. 방향이 바르고, 포기하지 않고 걸어가고 있다면 그 자체로 충분히 성장하고 있는 것입니다. 이런 아이에게 부모의 믿음과 존중의 눈빛은 세상 어떤 칭찬보다 큰 힘이 됩니다. 세상은 이제 성적보다 태도와 사람 됨을 중요하게 봅니다. 함께 협력하고, 실패 속에서도 다시 일어서는 사람, 꾸준히 배우며 책임감 있게 행동하는 사람이 진짜 실력자입니다.

　　　　　　공부보다 먼저, 부모가 가르쳐야 할 것

3부

부모라는 이름의 역할

37장 부모의 작은 목표가 아이의 큰 미래를 만든다

LA 다저스의 전설적인 투수 클레이튼 커쇼는 단순히 뛰어난 재능으로 성공한 선수가 아닙니다. 그는 세 번의 사이영상을 수상하며 메이저리그 최고 투수로 자리 잡았지만, 그의 진짜 위대함은 성실함과 꾸준함에 있습니다. 매 경기 최선을 다하는 태도, 자기관리에 철저한 습관이 그를 젊은 나이에 정상에 오르게 한 원동력이었습니다. 그러나 커쇼를 더욱 특별하게 만드는 것은 기록이 아닙니다. 그는 야구를 명예나 돈을 위한 수단으로 보지 않았습니다. 대신, 자신이 받은 성공을 세상에 되돌려주는 도구로 삼았습니다. 그의 마음속에는 언제나 "내가 잘하는 일을 통해 누군가를 돕고 싶다"는 명확한 목표가 있었습니다.

어린 시절 커쇼는 가족과 함께 아프리카를 방문했습니다. 그곳에서 그는 가난과 질병으로 고통받는 아이들을 직접 보았습니다. 약 한 알도 구하지 못한 채 고통스러워하던 사람들, 굶주림 속에서도 꿋꿋이 버티던 마을의 아이들. 그 경험은 커쇼의 마음속에 지워지지 않는 흔적을 남겼습니다. 이후 그는 야구선수로서의 명성과 부를 그 아이들을 돕는 일에 쓰겠다고 결심했습니다. 어린 시절 아프리카에서 본 고통스러운 현실은 클레이튼 커쇼의 인생을 바꿔 놓았습니다. 그는 결심했습니다. "야구선수가 되어 이 아이들을 돕는 사람이 되겠다." 그에게 야구는 단순한 스포츠가 아니라, 세상을 더 나은 곳으로 바꾸기 위한 사명이었습니다. 커쇼는 명예나 트로피보다 사람을 돕는 일을 선택했습니다. 결혼 후 아내 엘렌과 함께 신혼여행지로 잠비아를 택한 이유도 그 때문이었습니다. 두 사람은 그곳에서 직접 아이들을 만나고, 그들의 이야기를 듣고, 함께 웃으며 '선행'을 넘어 삶의 부르심을 실천했습니다.

이후 커쇼는 경기 때마다 기부를 약속했습니다. 삼진 한 번당 100달러, 승리할 때마다 5,000달러를 내어 잠비아의 아이들을 위한 집과 학교, 치료비로 사용했습니다. 시즌이 끝나면 직접 잠비아로 가서 아이들과 시간을 보내며 '돈이 아닌 마음으로 돕는 법'을 보여 주었습니다. 그는 말했습니다. "내가 던지는 공 하나에 아이들의 생명이 달려 있습니다. 그래서 매 투구마다 진심을 담습니다." 그에게 야구는 단순한 직업이 아니라, 세상을 바꾸는 사명이었습니다. 그의 이런 꾸준한 나눔과 진심은 결국 야구계를 넘어 많은 사람들에게 감동을 주었습니다. 그는 사회에 선한 영향을 미친 선수에게 주어지는 '로베르토 클레멘테 상'과 '브랜치 리키 상'을 받으며, 실력뿐 아니라 마음으로 존경받는 인물이 되었습니다. 사람들은 그의 완벽한 투구를 두고 이렇게 말했습니다. "커쇼의 공은 신이 돕는다." 그 말은 단지 기술을 칭찬한 것이 아니라, 그의 공 하나하나에 담긴 사랑과 사명감을 인정한 표현이었습니다. 커쇼의 진짜 위대함은 기록이 아니라, 그 마음에 있었습니다.

클레이튼 커쇼의 이야기는 단순한 스포츠 스타의 미담이 아니라, 우리 모두에게 깊은 성찰을 요구하는 묵직한 질문을 던집니다. '성공'이라는 단어는 흔히 높은 자리, 많은 재산, 널리 알려진 명성으로 정의되곤 합니다. 그러나 그것이 전부일까요? 커쇼의 삶은 그 전형적인 정의에 도전장을 내밀고 있습니다. 그는 세계 최고의 무대에서 수많은 스포트라이트를 받으면서도, 자신의 존재 이유를 기록이나 명예가 아니라 '왜 공을 던지는지', '왜 이 길을 선택했는지'라는 근본적인 물음에 두었습니다. 그리고 그 대답은 늘 분명했습니다. 그것은 생명을 살리고, 누군가의 내일을 바꾸기 위한 투구였습니다.

그는 야구를 통해 얻은 모든 것을 자신만을 위해 사용하지 않았습니다. 승리를 위한 공 하나가 곧 잠비아의 아이들에게 집과 교육, 그리고 생명을 주는 씨앗이 되었고, 그 과정에서 그는 진정한 성공이란 '나의 능력과 자원을 통해 타인의 삶을 변화시키는 것'임을 증명해 보였습니다. 그래서 커쇼는 화려한 기록을 남긴 선수이자, 누군가의 삶을 지켜 주는 조용한 영웅으로 기억됩니다. 그의 이야기는 결국 우리 각자에게 되묻습니다.

"당신의 아이는 어떤 목표를 가지고 자라 가고 있습니까?"

   공부보다 먼저, 부모가 가르쳐야 할 것

38장 아이의 성격은 부모의 생각에서 시작된다

인간은 하루에도 수없이 많은 감각 자극 속에서 살아갑니다. 눈으로 보고, 귀로 듣고, 코로 냄새를 맡고, 입으로 맛을 느끼며, 피부로 온도와 촉감을 감지합니다. 이렇게 다섯 가지 감각—시각, 청각, 후각, 미각, 촉각—은 우리가 세상을 이해하고 경험하는 가장 기본적인 통로입니다. 하지만 감각은 단순히 '느끼는 것'에서 그치지 않습니다. 각각의 자극은 모두 뇌로 전달되어 서로 얽히고 연결되며, 하나의 통합된 경험을 만들어 냅니다. 예를 들어, 아이가 공원에서 뛰어놀 때, 눈앞의 푸른 나무를 보고(시각), 새소리를 듣고(청각), 바람의 향을 맡고(후각), 발밑의 흙을 느끼며(촉각), 물 한 모금을 마시는 순간(미각)까지. 이 모든 감각이 함께 작용하며 하나의 '기억'으로 남습니다.

이처럼 뇌는 감각을 단순히 받아들이는 것이 아니라, 그것들을 엮어 새로운 생각과 감정을 만들어 내는 역할을 합니다. 그리고 그 과정은 끊임없이 반복되며 뇌의 회로를 변화시킵니다. 자주 경험하는 감각일수록 뇌속 연결이 더 단단해지고, 거의 사용하지 않는 감각 회로는 약해집니다. 즉, 아이가 어떤 환경에서 무엇을 보고, 듣고, 느끼며 자라느냐가 결국 그아이의 사고방식, 감정, 학습 능력, 그리고 성격까지 형성하는 밑바탕이 되는 것입니다. 부모로서 우리가 아이에게 어떤 환경을 만들어 주느냐는 단순히 '좋은 경험'을 주는 수준이 아닙니다. 그것은 아이의 뇌를 설계하고, 마음의 방향을 결정하는 일입니다. 아이가 자주 접하는 소리, 색, 향,

맛, 감촉 하나하나가 곧 아이의 세상을 만들어 가고 있다는 사실을 기억해야 합니다.

예전에는 유전자는 바꿀 수 없는 '타고난 운명'이라고 믿었습니다. 그래서 머리가 좋거나 나쁘거나, 성격이 활발하거나 조용하거나, 이런 모든 것은 이미 정해져 있다고 생각했지요. 하지만 현대 과학은 이 생각을 완전히 바꿔 놓았습니다. '에피지놈(Epigenome)'이라는 연구를 통해, 유전자는 생각과 환경, 생활 습관에 따라 후천적으로 변할 수 있다는 사실이 밝혀졌습니다. 즉, 유전자는 고정된 결과가 아니라 우리가 어떻게 살아가느냐에 따라 달라지는 설계도입니다. 오늘 어떤 생각을 하고, 어떤 말을 쓰며, 어떤 사람들과 시간을 보내느냐가 바로 유전자의 스위치를 켜고 끄는 행동이 되는 것입니다. 다시 말해, 아이의 환경과 경험이 곧 아이의 유전자를 새롭게 쓰는 일인 셈입니다.

예를 들어, 부정적인 말과 비교, 비난이 가득한 환경에 오래 있으면 아이의 뇌는 부정적인 감정을 우선적으로 인식하도록 적응합니다. 반대로 따뜻한 대화와 긍정적인 언어, 책과 음악이 가까운 환경 속에서는 호기심·집중력·창의성을 담당하는 유전자들이 활발히 작동하게 됩니다. 결국 부모가 어떤 분위기를 만들어 주느냐가 아이의 유전적 성장 방향까지 결정짓는다는 것입니다. 이 사실은 부모에게 큰 희망을 줍니다. "우리 아이는 원래 성격이 소극적이야", "집안이 공부를 잘 못했어" 같은 말은 이제 과학적으로 옳지 않습니다. 아이는 언제든지 변할 수 있고, 부모의 말 한마디와 생활 환경이 그 변화를 이끌 수 있습니다. 아이의 유전자는 타

   공부보다 먼저, 부모가 가르쳐야 할 것

고난 한계가 아니라, 매일의 선택과 경험 속에서 새롭게 쓰이는 가능성의 지도입니다. 부모가 따뜻한 환경을 만들어 줄 때, 아이의 유전자는 더 건강하고 긍정적인 방향으로 깨어납니다.

결국 부모가 해야 할 역할은 아주 분명합니다. 아이의 유전자는 태어나는 순간 이미 고정된 것이 아니라, 지금 부모가 어떤 환경을 만들어 주느냐에 따라 끊임없이 변화합니다. 아이가 하루하루 어떤 말을 듣고 자라는지, 어떤 친구들과 어울리는지, 어떤 책을 읽고 어떤 영상을 보는지, 그리고 부모가 어떤 생각과 태도를 보여 주는지. 이 모든 것이 아이의 뇌와 유전자를 자극하고, 그 발현 방식을 바꾸는 결정적인 요인이 됩니다.

특히 부모가 무심코 던진 말 한마디, 순간의 표정과 태도, 그리고 집 안에서 오가는 대화의 분위기와 감정의 흐름까지도 아이에게는 깊은 영향을 남깁니다. 집이라는 공간에서 흐르는 공기의 온도와 색깔이 아이의 마음속에 스며들고, 그 마음이 다시 생각과 습관으로 굳어져 미래를 만들어 가는 것입니다. 그러니 부모의 역할은 단순히 아이를 먹이고 재우는 보호자가 아니라, 아이의 가능성을 열어 주는 '환경 설계자'이자, 보이지 않는 미래의 조형가라고 할 수 있습니다. 부모가 조금 더 따뜻하고 긍정적인 말, 호기심을 자극하는 질문, 그리고 성장과 배움을 자연스럽게 이끌어 내는 분위기를 만들어 줄 때, 아이의 뇌와 유전자는 그 환경에 맞춰 활짝 열리고, 더 넓은 세상을 향해 나아갈 준비를 하게 됩니다.

39장 내면의 확신, 자녀의 잠재력을 깨우는 효과

아이를 변화시키는 가장 강력한 힘은 꾸준한 '칭찬'과 '기대'입니다. 사람은 자신을 믿어 주는 누군가가 있을 때 전혀 다른 힘을 발휘합니다. 부모의 따뜻한 시선과 진심 어린 믿음은 단순히 아이의 기분을 좋게 하는 것을 넘어, 실제 행동과 성장을 변화시킵니다. 이런 현상을 심리학에서는 '피그말리온 효과(Pygmalion Effect)'라고 부릅니다. 즉, 누군가에게 보내는 기대가 그 사람의 가능성을 현실로 이끌어 낸다는 뜻입니다. 이 이론은 그리스 신화에서 유래했습니다. 조각가 피그말리온은 자신이 만든 조각상 '갈라테이아'를 진심으로 사랑했습니다. 매일 정성을 다해 돌보던 그의 마음을 본 여신 아프로디테가 그 조각상에 생명을 불어넣어 사람으로 만들었다는 이야기입니다. 이 신화는 진심 어린 믿음과 기대가 현실을 바꿀 수 있다는 상징적인 메시지를 전합니다.

실제로 저도 한 아이를 통해 이 효과를 직접 경험했습니다. 초등학교 4학년 동민이는 늘 떠들고 장난이 심해 '문제아'로 불리던 아이였습니다. 선생님들과 친구들 모두 그를 포기하려 했고, 저 역시 처음에는 변화가 어렵다고 생각했습니다. 그러나 어느 날, 피그말리온 효과를 떠올리며 시선을 바꾸기로 했습니다. 그날부터 잘못을 지적하기보다 작은 변화라도 찾아서 칭찬하고, "넌 할 수 있어"라는 기대를 전하기 시작했습니다. 그렇게 태도를 바꾸자, 아이의 표정이 서서히 달라졌고, 수업 태도도 조금씩 바뀌기 시작했습니다. 결국 믿음과 기대는 잔소리보다 훨씬 더 큰 힘을 가진다는 사실을 깨달았습니다.

　어느 날, 저는 늘 문제아로 불리던 동민이를 따로 불러 조용히 마주 앉았습니다. 혼날 거라고 생각했는지, 아이의 눈빛은 경직되어 있었지만, 제가 내민 건 따뜻한 코코아 한 잔이었습니다. "이건 너에게 주는 코코아야." 그 말 한마디에 아이는 놀란 듯 눈을 크게 뜨더니, 이내 눈물이 뚝뚝 떨어졌습니다. 그동안 혼나는 일에 익숙했던 아이에게는, 따뜻한 관심 자체가 낯선 경험이었던 것입니다.

대화 끝에, "혼내는 대신 약속을 세워 보자"고 제안했습니다.

① 학원에 오면 밝게 인사하기
② 친구에게 욕하지 않기
③ 매일 40분씩 영어 공부하기

　그날 저는 마음속으로 다짐했습니다. 앞으로 이 아이에게는 어떤 실수를 이야기하더라도 혼내지 않고, 끝까지 들어 주자. 그래서 우리는 꽤 오랜 시간 마주 앉아 이야기를 나누었습니다. 아이는 서서히 마음을 열고 속마음을 털어놓기 시작했습니다. "집에 있으면 혼나기만 해요.", "친구들이 저를 놀려요.", "가끔은 그냥 학교에 가기 싫어요." 그 말을 들으며 저는 그동안 동민이의 장난과 반항 뒤에 감춰져 있던 외로움과 불안, 그리고 사랑받고 싶은 마음을 처음으로 보게 되었습니다.

　이 세 가지를 6개월간 지킨다면, 제가 직접 햄버거 세트와 그가 좋아하던 샤프펜슬을 선물하겠다고 약속했습니다. 잠시 고개를 숙이던 동민이는 조용히 대답했습니다. "네, 알겠습니다." 그 말에는 망설임 속에서도 결심이 담겨 있었고, 저는 그 순간 한 아이가 변화의 첫걸음을 내딛는 순간을 느꼈습니다. 그 후로 동민이는 약속을 지켜 냈습니다. 학원 문을 열고 들어올 때마다 밝게 "안녕하세요!"라고 인사했고, 처음엔 어색하던 그 인사가 어느새 자연스러운 미소로 바뀌었습니다. 거칠던 말투도 조금씩 부드러워졌습니다. 실수로 욕이 나올 때면 스스로 멈춰 "죄송해요"라고 말하곤 했습니다. 무엇보다 놀라운 건, 단 하루도 빠짐없이 온라인 공부를 이어 간 것이었습니다. 주말도, 피곤한 날도 예외 없이 말이지요.

한 달, 두 달이 지나자, 주변이 먼저 동민이의 변화를 느꼈습니다. 선생님들은 "요즘 동민이가 정말 달라졌어요."라고 말했고, 친구들도 예전처럼 그를 피하지 않고 함께 놀기 시작했습니다. 6개월이 되던 날, 약속대로 맥도널드에 갔습니다. 메뉴를 고르며 뿌듯해하던 아이의 얼굴, 샤프펜슬 하나를 손에 쥐고 자부심에 빛나던 눈빛— 그날의 표정을 저는 아직도 잊지 못합니다.

며칠 뒤, 어머니의 전화가 왔습니다. "선생님, 일본 여행을 다녀왔는데요, 동민이가 영어로 주문하고 길도 물었어요!" 그 말을 듣는 순간, 저는 울컥했습니다. 그 변화는 단순히 영어 실력이 늘어난 게 아니라, 자신감이 자란 것이었습니다. 학교에서도 변화는 이어졌습니다. 영어 시간마다 손을 들고 발표하고, 발음과 표현도 또래보다 뛰어났습니다. "영어를 제일 잘하는 학생"이라는 평가는 아이에게 자부심과 동기가 되었고, 그 에너지는 다른 과목으로까지 번졌습니다. 이 모든 변화의 시작은 한 잔의 따뜻한 코코아와 '믿어 주는 시선'이었습니다.

교육이란 결국 지식이나 기술을 전하는 것 이상의 의미를 지닙니다. 그것은 한 사람의 마음을 움직이고, 그 마음이 다시 행동을 바꾸며, 결국 인생의 방향을 바꾸는 과정입니다. 그리고 그 모든 변화는 사랑과 믿음이라는 토양 위에서만 건강하게 자랄 수 있습니다. 피그말리온 효과는 결코 먼 나라의 학문적 이론 속에만 존재하는 개념이 아닙니다. 오늘도 우리 주변의 교실과 가정 속에서, 누군가의 진심 어린 기대와 믿음을 만나, 조용히 그러나 확실하게 한 아이의 삶을 바꾸는 기적이 일어나고 있습니다.

고대 그리스의 철학자 소크라테스는 "세상에서 가장 현명한 사람"이라는 신탁을 들었지만, 자신이 정말 현명한지 의심했습니다. 그래서 사람들을 찾아다니며 묻고 또 물었죠. 그 과정에서 그는 깨달았습니다. "나는 내가 모른다는 것을 안다." 이 겸손한 깨달음이 바로 진짜 지혜의 시작이었습니다. 자신의 부족함을 인정하는 사람만이 더 배우려는 마음을 가질 수 있기 때문입니다. 이 이야기는 오늘날 말하는 '메타인지(Metacognition)'와 닮아 있습니다. 메타인지는 내가 무엇을 알고, 무엇을 모르는지 스스로 인식하는 능력입니다. 공부를 잘하는 아이는 단순히 머리가 좋은 게 아니라, '내가 잘 모르는 부분이 어딘지'를 알고 스스로 배우려는 힘을 가진 아이입니다. 즉, 모르는 것을 인정할 줄 아는 용기가 곧 배움의 출발점입니다.

유대인들의 교육에는 '하브루타(Havruta)'라는 특별한 학습 문화가 있습니다. 두 사람이 짝이 되어 서로 묻고 답하며 배우는 방식으로, "왜 그렇게 생각했을까?", "다른 방법은 없을까?"라는 질문을 통해 사고를 확장해 갑니다. 이 과정에서 아이는 자신이 알고 있는 것과 모르는 것을 스스로 인식하게 되며, 친구에게 설명하고 질문을 받는 동안 생각의 깊이와 표현력이 함께 자랍니다. 즉, 하브루타는 단순한 공부법이 아니라 생각하는 힘, 메타인지를 기르는 훈련입니다.

우리나라에서도 이런 방식이 조금씩 자리 잡고 있습니다. 일부 학교나 학원에서는 '학생 튜터제'를 운영해 성적이 좋은 학생이 친구를 도와주고, 배우는 아이는 스스로 목표를 세워 도전합니다. 이 과정에서 서로를 응원하고, 협력 속에서 성장하는 문화가 만들어집니다. 저 역시 어학원에서 이런 방식을 실천했습니다. 가르치는 아이는 설명하며 더 깊이 배우고, 배우는 아이는 친구의 말로 들어 더 쉽게 이해했지요. 그 결과, 교실에는 경쟁이 아닌 협력의 분위기가 생겼고, 아이들 사이에는 자신감과 유대감이 자라났습니다.

무엇보다 놀라운 변화는 성적 향상에서 나타났습니다. 하브루타식 '학생 튜터제'를 도입한 뒤, 인근 중학교에서 전교 1등이 네 명이나 나왔습니다. 하지만 진짜 성과는 점수가 아니라 아이들의 태도 변화였습니다. 서로에게 배우고 설명하는 과정에서 아이들은 "내가 무엇을 알고, 무엇을 모르는가"를 스스로 점검하는 메타인지 학습의 힘을 익혔습니다. 경쟁이 아닌 협력, 혼자가 아닌 함께 배우는 즐거움이 교실 안에 자리 잡은 것이지요. 실제로 높은 성적을 거두는 아이들의 공통점은 '머리'가 아니라 공부를 바라보는 태도입니다. 그들은 무작정 외우기보다, 자신이 아는 부분과 모르는 부분을 구분하고 효율적으로 공부합니다. 아는 것은 짧게 복습하고, 부족한 부분에 더 집중하죠. 이렇게 자신의 학습 상태를 스스로 점검하는 능력이 바로 메타인지입니다.

결국 공부의 출발점은 교재가 아니라 '자기 이해'입니다. 고대 철학자 소크라테스의 말처럼, "너 자신을 알라." 내가 어떤 과목을 잘하고, 어떤 부분에서 자주 막히는지 아는 순간부터 공부는 '의무'가 아닌 '전략'이 됩니다. 이해한 내용을 더 깊이 발전시키고, 약한 부분은 집중적으로 다듬는 과정 속에서 아이는 스스로 배우는 힘을 키워 갑니다. 이러한 자기 인식과 전략적 공부 습관은 단지 시험을 위한 기술이 아닙니다. 대학 생활이나 사회생활에서도 똑같이 통합니다. 새로운 일을 배울 때, 나의 강점과 약점을 이해하고 스스로의 속도에 맞게 계획을 세우는 능력은 평생의 자산이 됩니다. 결국 '메타인지'는 공부를 넘어, 평생 배우고 성장하는 힘을 길러 주는 가장 확실한 토대입니다.

41장 인내는 명품을 만든다

If you sleep now, you will be dreaming.
If you study now, you will be achieving your dream.
"지금 잠을 자면 꿈을 꾸지만, 지금 공부하면 꿈을 이룬다."

짧지만 강렬한 이 문장은, 지금의 선택이 아이의 미래를 결정짓는다는 사실을 단순하고도 깊이 있게 보여 줍니다. 그러나 현실에서 공부를 '재미있다'고 말하는 아이는 많지 않습니다. 놀거나 쉬는 것이 훨씬 즐겁고, 공부는 그저 해야 하는 일처럼 느껴지기 때문입니다. 하지만 오랜 시간 학생들을 지도하며 제가 깨달은 건, 공부의 본질은 '재미'가 아니라 '인내'에 있다는 사실이었습니다. 좋은 성적을 거두고 원하는 대학에 합격한 아이들에게는 공통점이 있었습니다. 그것은 특별한 두뇌도, 좋은 환경도 아닌 끝까지 버티는 힘, 즉 인내심이었습니다. 이 인내야말로 성공을 결정짓는 가장 강력한 힘이었습니다.

제가 가르쳤던 학생 중에는 서울대, 연세대, 고려대, 이화여대, 카이스트 등 많은 명문대에 합격한 아이들이 있었습니다. 하지만 그 누구도 쉬운 길을 걸은 아이는 없었습니다. 어떤 아이는 스트레스로 체중이 15kg 늘었고, 또 어떤 아이는 하루 다섯 시간도 자지 못한 채 공부했습니다. 그들의 성취는 타고난 머리가 아니라, 매일 자신을 다잡으며 견뎌 낸 인내의 결과였습니다. '인내'는 단순한 덕목이 아니라, 성장의 자연법칙입니다. 캐나다 록키 산맥의 '무릎 꿇은 나무(Krummholz)'처럼요. 거센 눈보라와 바람 속에서 구부러진 채 자라지만, 그 비틀림이 오히려 가장 단단한 생명력을 품게 합니다. 시간이 흐르면 그 나무는 명품 바이올린의 재료가 되어 깊고 풍부한 울림으로 다시 태어납니다. 세월의 상처가 결국 가장 아름다운 소리를 만들어 내는 것이지요. 아이의 성장도 이와 같습니다. 힘든 환경 속에서도 꾸준히 버티고 견디는 힘이 결국 아이를 더 단단하게 만듭니다. 성공은 타고난 재능보다 포기하지 않는 태도와 인내의 시간에서 자랍니다.

이 이야기는 아이의 성장과도 닮아있습니다. 가치 있는 성취에는 반드시 대가가 따릅니다. 그것은 단순히 시간과 노력만이 아니라, 포기하고 싶은 순간을 이겨 내는 끈기와 절제, 그리고 자신을 다잡는 마음의 힘까지 포함됩니다. 아이가 어떤 길을 가든, 그 과정에서의 불편함과 고통을 견디는 인내는 필수적인 성장의 과정입니다. 그렇게 쌓인 인내의 시간들은 단지 성적을 위한 수단이 아닙니다. 그것은 아이의 내면을 단단하게 다듬는 과정이며, 시간이 지나도 흔들리지 않는 '명품 같은 인생'을 만드는 밑바탕이 됩니다. 마치 거친 바람을 견딘 나무가 최고의 악기로 거듭나듯, 시련을 버텨 낸 아이만이 세상에 자신만의 깊은 울림을 전할 수 있습니다.

공부보다 먼저, 부모가 가르쳐야 할 것

그래서 부모로서 우리는 지금의 고된 시간을 안타깝게만 바라보지 않아야 합니다. 지금 버티는 법을 배우는 아이는, 결국 언젠가 자신만의 무대에서 그 인내의 결을 소리로, 빛으로 드러내게 될 것입니다. 그 무대는 성적이나 결과가 아닌, 삶을 진심으로 살아 낸 증거의 자리가 될 것입니다. 그리고 언젠가 그 무대 위에 섰을 때, 아이들은 깨닫게 될 것입니다. 매일같이 반복되던 힘든 시간들이 결코 헛되지 않았다는 것을. 남들이 모르는 새벽의 공부, 마음을 다잡으며 버텼던 순간들, 하고 싶은 것을 내려놓고 책상 앞에 앉았던 날들이 모두 한데 모여, 자신만의 깊고 단단한 울림을 만들어 냈다는 사실을요. 그 울림은 단순히 성취의 기쁨을 넘어, 앞으로 살아갈 길에 흔들리지 않는 자신감이 되고, 또 다른 도전에 나설 수 있는 용기가 될 것입니다.

결국 인내의 시간은 아이들을 그저 '잘하는 사람'이 아니라, 어떤 상황에서도 무너지지 않는 '강한 사람'으로 성장시킵니다. 그리고 그 강함은 세상 앞에서 당당히 서고, 자신만의 이야기를 당당히 들려줄 수 있는 힘이 됩니다. 저는 그 모습을 믿고 기다립니다. 언젠가 그날이 왔을 때, 우리는 모두 지난날의 그 버팀이 얼마나 값진 선물이었는지 확인하게 될 것입니다.

그날은 유난히 공기가 차가운 11월의 새벽이었습니다. 뉴욕 출장 중 지인과 함께 이른 아침 골프장을 찾았을 때, 어둠이 채 걷히지 않은 그곳엔 이미 많은 사람들이 줄을 서 있었습니다. 그때, 골프카트 한 대가 다가오더니 한 남성이 내렸습니다. 그는 양쪽 다리가 의족인 장애인이었습니다. 하지만 그의 모습에는 주저함이 없었습니다. 그는 아무렇지 않게 첫 번째 티잉그라운드에 서서 힘차게 스윙을 했고, 공은 새벽 하늘을 가르며 멀리 날아갔습니다. 그 주위의 사람들도 놀라거나 속삭이지 않았습니다. 모두가 그 장면을 자연스럽게 받아들이고, 존중의 시선으로 바라보고 있었지요. 그 순간 저는 문득 생각했습니다. "만약 이 장면이 한국이었다면 어땠을까?" 아마 걱정 어린 시선이나, '무리하는 건 아닐까' 하는 반응이 있었을지도 모릅니다. 하지만 이곳 사람들은 그의 장애를 특별한 일로 여기지 않았습니다. 그는 스스로를 제약하지 않았고, 주변 사람들은 있는 그대로의 그를 존중하고 있었습니다. 그날의 장면은 단순한 티샷이 아니라, 의지와 자유, 그리고 성숙한 시선이 만들어 낸 한 편의 완전한 그림처럼 느껴졌습니다.

"미국은 장애인의 아픔을 자신의 몫이라고 생각하는 나라입니다." 그 말은 제 마음 깊은 곳에 오래 남았습니다. 누군가는 소아마비로, 누군가는 사고로 장애를 얻지만, 그 고통이 '누군가의 몫'이라면, 그 사람은 어쩌면 우리 대신 그 아픔을 감내하는 대표자일지도 모릅니다. 그 깨달음 이후, 저는 장애인을 바라보는 시선이 완전히 달라졌습니다. 그들을 불쌍히 여기거나 특별하게 보는 것이 아니라, 존중과 감사의 마음으로 바라보게 된 것입니다. 얼마 후, 제 어학원에 소아마비를 앓았던 혜민이라는 학생이 찾아왔습니다. 걱정이 가득한 어머니는 혹시 아이가 불편한 대우를 받지 않을까 조심스럽게 제 눈치를 살피셨습니다. 그때 저는 미소를 지으며 이렇게 말씀드렸습니다. "걱정하지 않으셔도 됩니다. 제가 미국에서 배운 게 있습니다." 그 말속에는 단순한 위로가 아닌 약속이 담겨 있었습니다. 아이를 있는 그대로 존중하겠다는 약속, 그리고 장애가 아이의 가능성을 막는 벽이 되지 않게 하겠다는 다짐이었습니다. 그날 이후 저는 혜민이 한 번도 위축되지 않도록 수업 환경을 세심하게 조정하고, 친구들과 자연스럽게 어울릴 수 있도록 배려했습니다.

그 후 저는 어학원의 모든 교사, 차량 기사님, 학생들에게 부탁했습니다. "혜민이를 도와주는 것이 아니라, 함께할 수 있도록 해 주세요." 그 말에는 단순한 배려 이상의 의미가 담겨 있었습니다. 엘리베이터를 탈 때는 자연스럽게 손을 내밀어 주고, 등하교 차량에서는 먼저 내릴 수 있도록 자리를 배정했습니다. 수업에서도 혜민이가 한쪽 구석에 머물지 않도록, 모두와 자연스럽게 어울릴 수 있는 환경을 만들었습니다.

그렇게 매일의 노력이 쌓이자 놀라운 변화가 일어났습니다. 처음엔 조심스럽게 웃던 혜민이가 점점 더 밝게 웃고, 친구들과 장난을 치며 수업에도 적극적으로 참여하기 시작했습니다. 어학원은 그녀에게 세상에서 가장 즐거운 공간이 되었고, 다른 아이들에게는 진짜 '배려'를 배우는 교실이 되었습니다. 아이들은 배려를 교과서 속 단어로 배우지 않았습니다. 그들은 함께 생활하며 '배려란 이렇게 따뜻한 것이구나'를 몸으로 느끼며 배웠습니다. 그날 뉴욕에서의 경험은 단지 인상적인 장면으로 끝나지 않았습니다. 그 순간은 우리 가족의 삶의 방향과 가치관을 바꾸는 출발점이 되었습니다. 귀국 후, 우리는 유니세프를 통해 매달 3만 원씩 아프리카 어린이를 후원하기로 했습니다. 처음엔 "작게라도 도움이 되면 좋겠다"는 마음으로 시작했지만, 그 후원은 어느새 20년 넘게 이어진 가족의 습관이 되었습니다.

후원은 단순히 돈을 보내는 일이 아니었습니다. 딸은 고등학생 때부터 후원 아동과 편지를 주고받으며 직접 번역 봉사를 했고, 그 아이의 삶과 꿈, 그리고 어려움을 함께 느꼈습니다. 대학생이 된 후에는 머리카락을 잘라 소아암 환자에게 기부하기도 했습니다. 이런 경험들은 우리 가족에게 '나눔'이 특별한 일이 아닌, 삶의 일부라는 것을 일깨워 주었습니다. 누군가를 돕는다는 건 거창한 희생이 아니라, 매일의 일상 속에서 자연스럽게 스며드는 따뜻한 습관이라는 걸 깨달았지요. 그 과정을 통해 우리는 '기부하는 삶'의 진정한 의미를 배웠습니다. 기부는 단순히 가진 것을 나누는 일이 아닙니다. 누군가의 하루를 바꾸고, 마음에 온기를 전하며, 삶에 새로운 희망의 불씨를 심는 일이었습니다. 빌 게이츠, 워렌 버핏, 안젤리나 졸리 같은 세계적인 인물들도 가장 빛나는 순간은 성공이 아닌 '나눔의 순간'이었지요.

그래서 저는 아이들에게 종종 말합니다. "공부는 성적을 위해서만 하는

     공부보다 먼저, 부모가 가르쳐야 할 것

게 아니야. 네가 배운 것과 가진 재능이 언젠가 누군가에게 따뜻한 등불이 되기를 바라." 그 말속에는 진심이 담겨 있습니다. 나눔은 지금의 작은 행동이지만, 그 울림은 멀리, 오래 퍼져 나갑니다. 한 번의 친절이 또 다른 선한 행동을 낳고, 그 물결이 이어져 세상은 조금씩 더 따뜻해집니다. 우리가 건넨 작은 배려 하나, 따뜻한 말 한마디가 누군가의 마음을 붙잡는 힘이 될 수도 있습니다. 그래서 나눔은 단지 '도움'이 아니라, 세상을 움직이는 조용한 시작입니다. 세상은 거창한 선언이 아니라, 언제나 한 사람의 작은 마음에서부터 변화되기 때문입니다.

43장 감사를 아는 아이, 깊이가 다르다

요즘 학교에서 만난 한 아이, 종운이는 특별한 재능보다 마음의 따뜻함으로 더 깊은 인상을 주었습니다. 다문화 가정에서 자랐지만 누구보다 밝고 예의 바르며, 선생님과 친구를 향한 태도에서 배려와 진심이 자연스럽게 묻어나는 아이입니다. 공부를 잘하는 것보다 더 소중한 자질—사람을 향한 존중과 감사의 마음—을 몸소 보여 주는 아이기도 합니다. 이런 아이를 보고 있으면, 우리가 진짜로 아이들에게 가르쳐야 할 것이 무엇인지 다시 생각하게 됩니다. 지금은 인공지능이 글을 쓰고, 그림을 그리고, 음악을 만드는 시대입니다. 아이들은 스마트폰과 AI 속에서 배우고 자랍니다. 하지만 기계가 절대 대신할 수 없는 것이 있습니다. 그것은 사람의 마음, 즉 사랑, 공감, 감사, 양심입니다. 기술이 아무리 발달해도, 그것은 인간만이 가질 수 있는 고유한 힘이자 품격입니다.

아이에게 필요한 것은 더 많은 정보나 지식이 아니라, 삶을 바라보는 태도입니다. 세상이 아무리 빠르게 변해도, 사람을 존중하고, 자신을 성찰하며, 따뜻한 마음으로 세상을 대하는 힘이야말로 진짜 교육의 핵심입니다. 스마트폰보다 더 빛나는 것은 '사람다움'이고, AI보다 더 귀한 것은 '따뜻한 마음'입니다. 부모가 아이에게 줄 수 있는 최고의 가르침은, "공부 열심히 해라"라는 말보다 "사람답게 살아라"라는 삶의 본보기를 보여 주는 일입니다. 결국 아이들은 부모의 말보다 부모의 태도를 배우며 자랍니다. 우리가 먼저 따뜻한 마음을 지닌 어른으로 살아갈 때, 아이들도 자연스럽게 기계보다 더 인간다운 사람으로 성장하게 될 것입니다.

효도를 알고 부모의 수고에 감사할 줄 아는 아이, 친구의 슬픔을 알아차리고 조용히 등을 두드려 줄 줄 아는 아이, 도움이 필요한 이웃을 보면 그냥 지나치지 않는 아이. 이런 아이는 비록 성적이 뛰어나지 않더라도 이미 삶의 가장 귀한 가치를 배우고 있는 아이입니다. 시험 점수는 시간이 지나면 잊히지만, 그 아이가 지닌 따뜻한 마음과 배려의 태도는 오랫동안 사람들의 기억 속에 남습니다. 기술이 아무리 발전해도, 사람의 마음을 움직이는 것은 여전히 따뜻한 말 한마디, 배려하는 손길, 진심 어린 정입니다. 인공지능은 계산은 할 수 있어도 감동을 줄 수는 없습니다. 그렇기 때문에 지금 우리 아이들에게 꼭 가르쳐야 할 것은 지식보다 마음의 온기, 사람다움의 가치입니다.

그렇다면 아이가 진짜 사람답게 자라기 위해 어떤 마음을 배워야 할까요?

① 감사와 효도의 마음

부모의 사랑을 기억하고, 그 은혜에 감사할 줄 아는 마음은 모든 인성의 출발점입니다. 사랑을 주고받을 줄 아는 아이가 결국 따뜻한 어른으로 성장합니다.

② **진정한 우정과 협력의 태도**

경쟁보다 협력을 중요하게 여기고, 친구와 함께 성장하는 기쁨을 아는 아이는 세상 속에서 관계를 건강하게 맺을 줄 압니다.

③ **나눔의 마음**

가진 것이 많지 않아도, 도울 수 있는 마음을 가진 아이는 세상을 바꾸는 힘을 지니게 됩니다. 작은 친절이 큰 변화를 만듭니다.

④ **의미 있는 선택을 하는 습관**

순간의 즐거움보다 올바른 길을 택할 줄 아는 아이는 자신의 삶을 책임질 줄 아는 성숙한 사람으로 자랍니다.

⑤ **공동체적 책임감**

'나만'이 아니라 '함께'를 생각하는 마음이 진짜 어른의 품격을 만듭니다. 더불어 사는 태도야말로 사회를 건강하게 만드는 힘입니다.

이 모든 가르침은 말이 아니라 부모의 삶에서 시작됩니다. 부모가 먼저 감사하고, 배려하고, 정직하게 살아갈 때 아이는 그 모습을 보고 배웁니다. 아이는 말보다 부모의 행동에서 진심을 느낍니다. 결국 부모가 어떤 마음으로 살아가느냐가 아이의 인성과 삶의 방향을 결정짓습니다.

부모가 일상 속에서 먼저 감사 인사를 건네고, 이웃에게 따뜻한 시선을 보내며, 가족과의 대화를 소중히 여기는 모습을 보이는 것만으로도, 아이

     공부보다 먼저, 부모가 가르쳐야 할 것

는 세상에서 가장 값진 교육을 받고 있는 셈입니다. 이런 부모의 태도는 책으로는 배울 수 없는, '사람다움'의 본질을 몸으로 보여 주는 실천이 됩니다. 결국 아이가 배워야 할 것은 기술보다 사람답게 사는 법, 그리고 그 길을 먼저 걸어가는 안내자가 바로 부모입니다. 요즘 교육의 흐름도 달라지고 있습니다. 미국의 명문 대학들은 이제 성적만으로 학생을 평가하지 않습니다. 아이가 어떤 목표를 세우고 어떤 태도로 살아왔는지, 지역 사회에서 어떤 책임감을 보였는지를 함께 봅니다. 즉, 지식보다 인성과 태도를 중요하게 여기는 시대로 변화하고 있습니다.

기술은 노력으로 익힐 수 있지만, 인성은 오랜 시간 일상 속에서 형성됩니다. 아이가 바르게 성장하길 바란다면 부모가 먼저 그 기준을 삶으로 보여 주어야 합니다. 정직하게 일하고, 감사하며, 자신의 이익보다 공동체의 행복을 먼저 생각하는 모습—그 모든 것이 아이의 마음에 깊은 흔적으로 남습니다. 기계는 계산하고 예측할 수 있지만, 감사·공감·우정·따뜻함은 절대 흉내 낼 수 없습니다. 세상을 따뜻하게 만드는 힘은 언제나 사람의 마음에서 나옵니다. 그러니 부모는 아이에게 이렇게 물어야 합니다. "기계를 뛰어넘는 진짜 능력은 무엇일까?" 그 답은 언제나 '사람다움'입니다.

아이들이 인공지능보다 똑똑해지는 것이 목표가 아니라, 기계가 대신할 수 없는 따뜻한 인간으로 자라나길 바란다면, 부모가 먼저 그 모습을 보여 주어야 합니다. 말보다 행동으로, 지시보다 실천으로, 앞이 아니라 곁에서 함께 걸어 주는 부모. 그 모습이야말로 아이에게 가장 강력한 교육이 됩니다.

퇴근길 엘리베이터 안에서 우연히 만난 제자 세진이는, 시간이 지나도 잊히지 않는 아이였습니다. 초등학교 때는 밝고 활발했지만, 탁구부 선수 생활을 시작하면서 달라졌습니다. 하루 종일 훈련하느라 공부할 시간과 에너지가 줄었고, 자연스럽게 학업과 멀어졌습니다. 운동은 금세 결과가 보이지만, 공부는 긴 시간의 인내와 반복이 필요하지요. 그래서 그녀의 노력이 공부로 이어지지 않는 모습을 보며 마음이 안타까웠습니다. 저는 세진이와 부모님께 늘 말했습니다. "운동을 하더라도, 영어만큼은 절대 놓지 마세요." 그건 단순한 조언이 아니라, 언어는 미래의 문을 여는 열쇠라는 믿음이 담긴 말이었습니다. 운동과 공부의 균형을 지켜야 아이의 가능성이 넓어진다고 생각했지요. 하지만 바쁜 일정 속에서 세진이는 늘 지쳐 있었고, 그 모습을 보며 저는 깨달았습니다. 아이의 재능보다 중요한 것은 환경과 균형 속에서 배우는 힘이라는 사실을요.

아이가 어떤 길을 선택하더라도, 부모가 해 줄 수 있는 가장 큰 일은 균형을 잡아 주는 것이라는 사실을 깨달았습니다. 운동이든 공부든 한쪽으로 기울지 않도록 곁에서 버팀목이 되어 주는 일, 그것이 진짜 교육의 시작이 아닐까 생각했습니다. 세진이는 점점 공부에서 멀어졌습니다. 단어 암기 시간이 줄고, 숙제를 빠뜨리는 날이 생기면서 수업 집중력도 떨어지고 복습은 어려워졌습니다. 그 과정을 지켜보는 제 마음은 안타까웠습니다. 그리고 결국, 5학년이 끝날 무렵 세진이는 탁구부를 그만두었습니다.

그 소식을 들었을 때, 오래전부터 품었던 걱정이 현실이 되었음을 느꼈습니다. 예감은 있었지만, 막상 들으니 허전하고 안쓰러웠습니다. 그때 깨달았습니다. 아이가 무언가를 내려놓았을 때, 그 빈자리를 어떻게 채우느냐가 그 아이의 다음 길을 결정한다는 것을요.

탁구를 시작하기 전, 세진이는 누구보다 성실한 아이였습니다. 과제를 빠짐없이 해 오고, 스스로 계획을 세워 실천하던 모습은 참 믿음직했지요. 하지만 운동과 공부의 균형이 무너지면서 달라졌습니다. 수업에 집중하지 못하고, 숙제를 미루는 날이 늘어났습니다. 그 모습을 보며 저는 스스로에게 물었습니다. "저 아이가 내 딸이라면, 그냥 두고 볼 수 있을까?" 답은 분명했습니다. 그래서 세진이 어머니를 학원으로 초대했습니다. 그 자리에서 저는 단순히 성적 이야기를 하지 않았습니다. 운동선수의 길이 얼마나 치열한지, 그리고 공부를 중단했을 때 다시 돌아오기가 얼마나 어려운지를 이야기했습니다. 특히 강조한 것은 '시간의 회복 불가능성'이었습니다. 한 번 놓친 학습의 흐름은 단기간에 되찾기 어렵고, 지금 시기를 놓치면 아이의 선택지가 줄어들 수 있다고 말씀드렸습니다. 그리고 마지막으로 진심을 담아 전했습니다. "지금이 바로 선택의 순간입니다. 아직 늦지 않았습니다. 지금 이 시간을 꼭 붙잡아야 합니다." 그 대화가 끝난 후, 저는 오직 한 가지를 바랐습니다. 아이의 열정이 다시 제자리를 찾아, 꿈과 현실의 균형을 되찾기를 말입니다.

중학생이던 제 아들도 한때 축구선수를 꿈꿨습니다. 운동장에서 땀 흘리던 눈빛은 정말 반짝였지만, 저는 그 세계의 냉혹한 현실을 알고 있었습니다. 그래서 어느 날, 아들과 마주 앉아 솔직히 이야기했습니다. "선수로 성공하기까지 얼마나 치열한지, 또 그 길을 선택한 수많은 아이 중 끝까지 가는 이는 얼마나 적은지." 그리고 혹시 운동의 길이 막혔을 때, 다시 공부로 돌아오기가 얼마나 어려운지도 구체적인 수치와 예시로 설명했습니다. 며칠을 고민하던 아들은 말했습니다. "아빠, 나 축구는 취미로만 할래. 공부에 집중할게." 그 한마디 속에는 용기와 결단이 담겨 있었고, 저는 그것이 진짜 성장의 순간임을 느꼈습니다. 이 경험은 세진이를 지도할 때도 제 마음속에 깊이 남아 있었습니다. 그래서 세진이와 어머니께도 같은 말을 전했습니다. "지금 놓치는 시간은 다시 돌아오지 않습니다. 지금이 바로 기회입니다." 그 말은 단순한 조언이 아니라, 부모이자 교육자로서의 진심 어린 확신이었습니다.

세진이가 다시 공부로 돌아왔을 때, 저는 매일 작은 변화를 만들어 가려 노력했습니다. 습관을 점검하고, 작은 성공을 경험하게 하며 자신감을 회복시켰습니다. 느린 걸음이었지만 저는 믿었습니다. "한 번 불씨가 살아나면, 그 불은 반드시 다시 타오른다." 그러던 어느 날 밤, 세진이에게 전화가 왔습니다. "선생님, 헤드셋이 고장 나서 공부를 못 할 것 같아요." 그 순간 저는 잠시도 망설이지 않았습니다. 사무실 한쪽에 있던 새 헤드셋을 집어 들고, 곧바로 아이에게 달려갔습니다. 굵은 빗방울이 쏟아지던 그 밤, 저는 망설임 없이 세진이에게 새 헤드셋을 들고 달려갔습니다. 비가 아무리 세게 내려도 한 가지 생각뿐이었습니다. "오늘 하루의 공부가 무너지는 건 절대 그냥 두지 말자." 세진이 어머니는 놀란 목소리로 말했습니다. "이 비 오는 밤에 직접 오시다니… 정말 감사해요." 저는 그저 웃으

    공부보다 먼저, 부모가 가르쳐야 할 것

며 "괜찮습니다. 오늘이 중요하니까요."라고 답했지만, 그 순간 제 마음속 엔 묵직한 울림이 일었습니다. 그날의 비 냄새, 우산 끝 물방울, 그리고 세진이의 환한 얼굴. 그 장면은 지금도 선명히 남아 있습니다.

그날 이후 세진이는 눈에 띄게 달라졌습니다. 비 오는 밤의 작은 행동 하나가 아이의 마음속 불씨를 다시 살린 것이었습니다. 공부는 더 이상 의무가 아니라, 스스로의 일과가 되었고 조용히 쌓인 시간들이 점점 성과로 이어졌습니다. 무엇보다 아이의 눈빛이 변했습니다. 이제 그 눈에는 피로 대신 "할 수 있다"는 확신과 의지가 반짝이고 있었습니다. 그 변화는 단지 성적 때문이 아니었습니다. 그건 "누군가 나를 진심으로 믿고 있다"는 확신이 만들어 낸 힘이었습니다.

어느 날, 세진이가 중학교 2학년이 되었을 때였습니다. "원장님! 세진이가 영어 시험에서 전교 유일하게 만점을 받았어요!" 수화기 너머 어머니의 목소리는 기쁨으로 가득 차 있었습니다. 그 순간, 제 머릿속에는 비 오는 밤 헤드셋을 들고 달려갔던 그날이 떠올랐습니다. 그때는 공부 의욕을 잃고 주저앉던 아이였지만, 이제는 스스로 최고 성적을 거두며 당당히 일어서 있었습니다. 세진이의 만점은 단순한 성적이 아니라, 포기하지 않고 끝까지 자신을 믿은 시간의 증거였습니다. 어머니는 아이들을 위해 피자 파티를 열었고, 교실은 축하의 웃음으로 가득했습니다. 세진이는 쑥스러워했지만, 그 눈빛에는 자신감과 자부심이 빛나고 있었습니다. 그날은 단순한 축하가 아니라, 한 아이가 다시 일어서기까지의 여정을 기념하는 시간이었습니다. 저는 그 순간 깨달았습니다. 아이를 성장시키는 힘은 거창

한 가르침이 아니라, "넌 할 수 있어"라는 믿음 한마디와 그것을 끝까지 지
켜 주는 마음이라는 것을요.

 공부보다 먼저, 부모가 가르쳐야 할 것

45장 인생 멘토는 멀리 있지 않다, 바로 부모다

'멘토(Mentor)', 어디서 시작됐는지 궁금해하신 적 있으신가요?

'멘토(Mentor)'라는 말은 고대 그리스의 이야기에서 시작되었습니다. 전쟁에 나서는 오디세우스가 아들 텔레마코스를 믿고 맡긴 친구의 이름이 바로 멘토였습니다. 그는 단순한 보호자가 아니라, 지혜를 나누고 올바른 길로 이끌어 주는 사람이었죠. 그래서 오늘날 멘토는 '가르치는 사람'이 아니라, 삶의 방향을 함께 찾아 주는 동반자를 뜻하게 되었습니다.

이 이야기는 우리에게 중요한 질문을 던집니다. "지금, 내 아이에게 멘토는 누구인가?", "그리고 나는 아이의 멘토로 살아가고 있는가?" 아이들은 부모의 말을 귀로 듣기보다 눈으로 배웁니다. 부모가 거짓말을 하면 아무리 "정직해야 해"라고 말해도 그 말은 힘을 잃습니다. 하지만 부모가 자신의 실수를 인정하고 사과하는 모습을 보여 준다면, 그 장면은 말보다 훨씬 강력한 교육이 됩니다. 피아노 학원에서 지적받고 풀이 죽은 아이에게 엄마가 말했습니다. "나는 네가 포기하지 않고 연습하는 모습이 참 자랑스러워." 그 한마디가 아이를 다시 피아노 앞으로 이끌었고, 그날 아이는 "나는 할 수 있는 사람이다"라는 믿음을 배웠습니다. 결국 부모는 아이에게 가장 오래 남는 멘토입니다. 아이가 진짜로 배우는 것은 부모의 말이 아니라, 하루를 대하는 태도와 말 한마디의 온도입니다.

좋은 멘토는 아이에게 지식을 주는 사람이 아니라, 먼저 마음을 읽을 줄 아는 사람입니다. 성적이 떨어졌을 때 혼내기보다 "속상했겠다. 엄마는 네가 얼마나 노력했는지 알아." 이 한마디를 건네는 순간, 아이는 '나는 사랑받고 있구나'라는 확신을 얻습니다. 그 믿음이 다시 일어설 힘이 됩니다. 진정한 멘토는 답을 대신 주지 않고, "너는 어떤 선택이 더 옳다고 생각하니?"라고 묻습니다. 이 질문은 아이에게 스스로 생각하고 판단하는 힘을 길러 줍니다. 그렇게 아이는 점점 자신의 인생을 주도적으로 살아가는 사람으로 성장합니다. 좋은 멘토는 집 안에만 있지 않습니다. 학교에서도 아이의 가능성을 먼저 발견해 주는 선생님이 진짜 멘토가 됩니다. 한 중학생은 조용하고 무기력해 보였지만, 미술 시간에 놀라운 재능을 드러냈습니다. 선생님은 그 그림을 복도에 전시하며 말했습니다. "이 그림을 보면 네가 얼마나 특별한지 느껴져." 그 한마디가 아이의 인생을 바꿨습니다. 그날 이후 아이는 자신을 믿기 시작했고, 결국 디자이너로 성장했습니다.

아이에게 진짜 필요한 것은 높은 성적이 아니라 삶을 대하는 태도와 사람을 대하는 마음입니다. 숙제를 하지 않은 아이에게 "왜 안 했어?" 대신 "무슨 일이 있었니? 너답지 않아서 걱정됐어." 이렇게 말하는 선생님은 꾸짖음보다 신뢰와 사랑을 전합니다. 그 한마디에 아이는 "나는 믿음받는 존재구나"라는 확신을 얻고, 그 믿음이 자존감의 뿌리가 됩니다. 이런 경험은 아이를 변화시킵니다. "너는 사람들의 이야기를 잘 들어 주니까 상담이나 교육 쪽에서도 잘할 수 있을 거야." 이 짧은 말이 아이 마음속에 꿈의 씨앗을 심습니다. 그 씨앗은 자라서 아이를 자신만의 길로

    공부보다 먼저, 부모가 가르쳐야 할 것

이끄는 삶의 나무가 됩니다.

부모와 선생님이 함께 기억해야 할 멘토의 네 가지 모습

• **감정의 멘토**

: 아이가 실수했을 때 먼저 감정을 공감해 주세요.

: "속상했겠다"라는 말이 큰 힘이 됩니다.

• **행동의 멘토**

: 정직함, 책임감, 감사하는 태도를 직접 보여 주세요.

: 아이는 본 것을 따라 합니다.

• **선택의 멘토**

: "너는 어떻게 생각해?"라는 질문을 자주 던져 주세요.

: 아이의 자기주도성을 키워 주세요.

• **희망의 멘토**

: 아이의 작은 가능성을 발견하고 격려의 말을 건네주세요.

: "나는 네가 잘할 줄 알아"는 마법 같은 문장입니다.

아이들은 부모가 자신을 어떤 눈으로 바라보는지 누구보다 잘 압니다. 말로 하지 않아도, 부모의 시선 속에 담긴 기대와 신뢰, 혹은 무심함과 의심을 곧바로 느낍니다. 그래서 부모의 따뜻한 미소 하나, 짧은 격려 한마디가 아이의 마음에 평생 남아 그 인생의 방향을 바꾸는 첫걸음이 되기도 합니다.

아이에게 필요한 어른은 모든 문제의 정답을 대신 알려 주는 사람이 아닙니다. 넘어졌을 때 조용히 손을 내밀어 주고, 스스로 길을 찾을 수 있도록 곁에서 묵묵히 믿고 기다려 주는 사람입니다. 그 어른이 바로 부모이며, 선생님이고, 그리고 이 글을 읽고 있는 당신입니다. 당신의 한 마디, 작은 행동 하나가 한 아이의 인생에 새로운 길을 열어 줄 수 있습니다. 아이들은 그 믿음 속에서 자신이 사랑받는 존재임을 깨닫고, 더 멀리, 더 단단하게 자라납니다.

  공부보다 먼저, 부모가 가르쳐야 할 것

Ⅲ. 관계와 언어

46장 자녀를 살리는 언어의 힘

말은 곧 미래를 만드는 힘

부모가 자녀에게 건네는 말은 단순한 소리가 아니라 아이의 마음에 심어지는 씨앗입니다. 그 한마디가 아이의 생각 방향을 정하고, 습관을 만들며, 결국 어떤 사람으로 자라날지를 결정합니다. 그래서 부모의 말은 언제나 아이의 미래를 빚는 힘이 됩니다. "나는 너를 믿어." 이 짧은 말 한마디는 아이에게 세상을 향한 용기와 자신감을 줍니다. 누군가 자신을 믿고 있다는 확신은 두려움을 이기고 다시 일어서게 하는 원동력이 됩니다.

때로는 어른의 무심한 한마디가 아이의 마음을 울리기도 하지만, 그 눈물은 상처가 아니라 "나를 이해해 주는 사람이 있구나" 하는 감동의 눈물입니다. 진심이 담긴 말은 보이지 않아도 마음의 힘이 되어 시간이 지나면 반드시 아이의 삶 속에서 행동과 믿음으로 돌아옵니다. 그 말이 아이의 날개가 되어 아직 가 보지 않은 길로 이끌고, 결국 아이의 인생을 바꾸는 출발점이 됩니다.

말의 저주, 그리고 그 힘

아프리카의 한 마을에는 "말로 나무를 죽이는 전통"이 있습니다. 도구를 쓰지 않고, 사람들은 매일 나무를 향해 이렇게 말합니다. "이제 쓸모없는 나무야.", "빨리 말라 버려라." 그 말을 오랫동안 반복하면 정말로 나무가 서서히 시들어 버린다고 합니다. 그들에게 말은 단순한 소리가 아니라 생명에 영향을 미치는 힘입니다. 좋은 말을 들으면 생명은 더 건강해지고, 나쁜 말을 들으면 약해진다고 믿지요.

이 이야기를 들으면 자연스럽게 떠오릅니다. "그렇다면 사람의 마음은 어떨까?" 나무조차 말에 영향을 받는다면, 마음과 감정을 가진 사람은 얼마나 더 깊은 상처나 위로를 받을까요? 결국 말은 눈에 보이지 않아도 사람의 영혼을 변화시키는 강력한 힘입니다. 아이에게, 배우자에게, 친구에게 건네는 한마디 말이 누군가의 삶을 시들게 할 수도, 다시 피어나게 할 수도 있습니다.

밥과 양파도 알아듣는 말

KBS 다큐멘터리의 한 실험은 '말의 힘'이 실제로 생명에 영향을 준다는 사실을 보여 줍니다. 연구진은 밥과 양파를 두 그룹으로 나누어, 한쪽에는 "고맙다", "참 예쁘다" 같은 따뜻한 말을, 다른 쪽에는 "쓸모없다", "빨리 썩어 버려라" 같은 부정적인 말을 들려주었습니다. 결과는 놀라웠습니다. 좋은 말을 들은 밥은 향긋하게 발효되었고, 양파는 싱싱하게 자랐습니다. 반면 나쁜 말을 들은 밥은 썩어 갔고, 양파도 시들어 버렸습니다.

　공부보다 먼저, 부모가 가르쳐야 할 것

이 실험은 말이 단순한 소리가 아니라 생명에 영향을 미치는 에너지임을 보여 줍니다. 그렇다면 감정과 생각을 가진 아이의 마음은 얼마나 더 크게 영향을 받을까요? 비난의 말은 아이 마음을 닫게 하고, 따뜻한 말은 마음을 열어 자라게 합니다. 부모의 한마디가 밥 한 그릇, 양파 한 뿌리보다 더 깊이 아이의 자존감과 인생의 방향을 바꿀 수 있는 힘을 가지고 있습니다.

물도 반응하는 말의 힘

일본의 에모토 마사루 교수는 오랫동안 '말이 물에 어떤 영향을 미치는가'를 연구했습니다. 그는 물에 서로 다른 말을 들려주었는데, "사랑해", "고마워" 같은 따뜻한 말을 들은 물은 눈송이처럼 아름답고 대칭적인 결정을 만들었습니다. 반면 "싫어", "죽어라" 같은 거친 말을 들은 물은 일그러지고 혼탁한 모양을 보였죠.

이 실험은 물이 단순한 무기물이 아니라, 감정과 언어의 에너지에 반응하는 존재임을 보여 줍니다. 그리고 우리 몸의 70% 이상이 물로 이루어져 있다는 사실은 더욱 큰 의미를 가집니다. 즉, 우리가 매일 듣는 말, 스스로에게 건네는 말, 타인에게 전하는 말이 그대로 우리의 몸과 마음의 상태를 바꾸는 힘이 된다는 것입니다. 따뜻한 말은 마음을 치유하고, 거친 말은 상처를 남깁니다.

결국 말은 단순한 소리가 아니라 삶의 방향을 바꾸는 에너지입니다. 그래서 우리는 스스로에게, 그리고 아이에게 묻고 싶습니다.

"오늘 나는 어떤 말을 내보내고 있을까?"

"그 말이 누군가의 마음속 물결을 어떻게 흔들고 있을까?"

영어바이블과 속담이 전하는 지혜

영어바이블 잠언 18장 21절에는 이렇게 쓰여 있습니다. "죽고 사는 것이 혀의 힘에 달렸나니, 혀를 사랑하는 자는 그 열매를 먹으리라." 이 구절은 말이 단순한 소통이 아니라, 인생을 바꾸는 힘임을 알려 줍니다. 따뜻한 말 한마디는 사람을 살리지만, 무심코 내뱉은 말은 평생의 상처를 남길 수도 있습니다. 우리 속담 "낮말은 새가 듣고 밤말은 쥐가 듣는다" 역시 말의 무게를 일깨웁니다. 말은 한 번 나가면 되돌릴 수 없고, 결국 누군가의 마음에 흔적을 남깁니다. 그래서 영어에도 "벽에도 귀가 있다(Walls have ears)"는 말이 있지요.

말은 눈에 보이지 않지만, 에너지의 파동처럼 퍼져 사람의 마음과 분위기를 바꿉니다. 칭찬과 격려는 마음의 힘이 되지만, 비난은 오랫동안 그림자로 남습니다. 결국 말은 소리가 아니라 사람을 세우거나 무너뜨리는 에너지입니다. 그래서 우리는 매 순간, 내 입에서 나오는 말이 아이의 마음속에 어떤 씨앗으로 자랄지를 생각해야 합니다. 말은 사라지는 메아리가 아니라, 누군가의 마음에 오래 울리는 진동이기 때문입니다.

부모의 말, 자녀의 인생 설계도가 되다

부모의 말은 단순한 대화가 아니라 아이의 인생 설계도입니다. 매일의 말 한마디가 모여 아이의 자존감과 가치관, 인생의 방향을 결정짓습니다.

 공부보다 먼저, 부모가 가르쳐야 할 것

“넌 왜 이 모양이야”라는 말은 짧지만 마음 깊은 상처를 남기고, “넌 특별해. 지금은 잠시 쉬고 있을 뿐이야”라는 말은 희망과 용기를 심어 줍니다. 부정적인 말보다 “아직 도전 중이야, 이번엔 더 가까워졌어”라는 격려가 아이를 두려움 대신 성장으로 이끄는 힘이 됩니다.

특히 화가 난 순간일수록 부모의 말은 신중해야 합니다. 감정 섞인 말 한마디가 평생의 상처가 되지만, 따뜻한 말은 회복의 시작이 됩니다. 말은 반복되며 습관이 되고, 습관은 성격이 되어, 결국 인생의 방향을 결정합니다. 즉, 부모의 말은 매일 아이의 인생 지도를 그려 가는 붓질과 같습니다. 따라서 오늘부터 훈계 대신 격려를, 비난 대신 믿음을, 불안 대신 희망을 전해 주세요. 그 한마디가 아이에게 “나는 사랑받고 있구나”라는 확신을 심어 주고, 그 믿음이 평생을 살아가는 단단한 힘이 되어 줄 것입니다.

아들이 중학교 1학년 때, 한 달간 미국 오리건주 포틀랜드로 교환학생을 다녀왔습니다. 처음엔 낯선 환경에 두려움도 있었지만, 직접 학교와 사람, 문화를 경험하며 빠르게 성장했습니다. 모든 수업과 대화가 영어로 이루어지다 보니, 아이는 매일 자신이 알고 있는 영어를 꺼내 쓸 수밖에 없었고, 처음엔 서툴던 말이 점차 자연스러워졌습니다. 특히 미군부대 채플에서 또래 친구들과 어울리며 '틀려도 괜찮다'는 자신감을 얻었습니다. 완벽한 문법보다 중요한 건 소통하려는 용기와 진심이라는 것을 깨달은 것이죠. 이렇게 영어에 대한 두려움을 내려놓을 수 있었던 이유는, 사실 이전부터 이어 온 '영어바이블 영어 암송 습관' 덕분이었습니다. 매일 영어로 말씀을 읽고 외우며, 말하고 듣고 적는 반복 속에서 언어의 구조와 리듬을 몸으로 익혔던 것입니다. 이 습관이 쌓여 낯선 나라에서도 자신 있게 말할 수 있는 언어 근육이 만들어졌습니다. 완벽하지 않아도 시도하는 용기, 실수를 두려워하지 않는 마음. 그것이야말로 아이가 배운 진짜 영어의 시작이었습니다.

어느 날, 예상치 못한 전화 한 통이 걸려 왔습니다. 아들이 다니는 중학교에서 온 연락이었고, 수학 선생님께서 부모 면담을 요청하셨습니다. 걱정스러운 마음으로 학교에 갔는데, 교장 선생님과 수학 선생님은 오히려 밝은 미소로 저를 맞이하셨습니다. 그리고 뜻밖의 이야기를 들려주셨습니다. "아드님이 최근 시험에서 수능 수준의 영어와 수학 문제를 거의 만점에 가깝게 풀었습니다. 혹시 민족사관고등학교 진학을 고려해 보시겠어요?" 그 순간, 놀라움과 감동이 한꺼번에 밀려왔습니다. 전국에서도 손꼽히는 명문, 꿈같은 이름의 학교가 우리 아이와 함께 언급되다니 믿기지 않았습니다. 돌아오는 길, 우리는 아무 말도 하지 않았지만 서로의 눈빛에서 같은 생각을 읽었습니다. '정말 가능할까? 우리 아이가 민사고라니…' 그날은 아이의 숨은 가능성과 성장의 힘을 처음으로 확인한 날이었습니다. 지금까지 우리가 보지 못했던 잠재력이, 드디어 눈앞에서 선명하게 피어오른 순간이었습니다.

머칠 뒤, 또 한 번 놀라운 일이 일어났습니다. MBC 방송국에서 전화가 걸려 온 것입니다. 기자의 목소리는 설렘으로 가득 차 있었습니다. "자녀의 영어 학습과 가정 교육 방식이 교육적인 모범 사례로 주목받고 있습니다. 하루 동안 가정과 학교 생활을 촬영해도 될까요?" 그 말을 듣는 순간, 가족 모두 놀라움과 감동에 잠겼습니다. 우리가 매일 아이를 위해 쌓아 온 작은 노력들이 누군가에게 '교육의 좋은 예'로 비쳤다는 사실이 믿기지 않았습니다. 그리고 '이 이야기가 다른 부모들에게도 도움이 될 수 있다면 좋겠다'는 마음이 자연스레 생겼습니다. 그렇게 이른 아침 6시, MBC 촬영팀이 우리 집을 찾았습니다. 아이의 등교 준비, 학교 수업, 학원 생활, 그리고 가족의 저녁 시간까지 카메라에 담겼습니다. 평소의 일상이지만, 그 하루가 지나면서 우리가 함께 쌓아 온 시간들이 한 편의 이야기처럼 이어지고 있었다는 걸 새삼 느꼈습니다. 2주 뒤 방송이 전국에 방영되었고, 예상보다 큰 반응이 이어졌습니다. 미국에 있는 지인들까지 연락을 해 올 정도로 많은 부모들이 공감하고 감동을 받았습니다. 그날의 방송은 단순한 소개가 아니라, '이런 교육도 가능하구나'라는 새로운 가능성의 메시지를 전한 뜻깊은 시간이었습니다.

가족은 수학 선생님의 권유로 민족사관고등학교를 직접 방문하기로 했습니다. 대구에서 강원도 횡성까지의 긴 여정이었지만, 기대와 설렘으로 가득했습니다. 교문을 들어서는 순간, 넓은 천연 잔디 운동장과 최신식 시설, 그리고 이순신과 정약용의 동상이 있는 캠퍼스 풍경에 모두가 말을 잃었습니다. 마치 해외 명문대 캠퍼스를 옮겨 놓은 듯한 모습이었죠. 가장 인상 깊었던 곳은 5성급 호텔처럼 갖춰진 기숙사였습니다. 그곳에서 아들은 잠시 생각하더니 단호하게 말했습니다. "저는 꼭 이 학교에 가고 싶어요." 그 한마디에는 흔들림이 없었습니다. 단순한 희망이 아니라, 스스로의 길을 정한 결심의 목소리였죠. 돌아오는 길에도 아들은 말했습니다. "재수를 하더라도 꼭 민사고에 가고 싶어요." 그 말에 부모는 놀라움과 감동을 느꼈습니다.

며칠 뒤, 또 다른 놀라운 소식이 전해졌습니다. 아들의 IQ가 159라는 검사 결과였습니다. 처음엔 믿기 어려웠지만, 숫자보다 더 크게 다가온 것은 "이 재능을 어떻게 키워야 할까"라는 책임감이었습니다. 부모는 깨달았습니다. 아이의 재능은 자랑이 아니라 부모에게 주어진 사명이며, 좋은 학교보다 더 중요한 것은 아이의 뿌리를 단단히 세워 주는 가정의 역할이라는 것을요.

     공부보다 먼저, 부모가 가르쳐야 할 것

초등학교 시절부터 늘 함께하던 두 아이, 가현이와 주희는 성적도 우수하고 서로에게 의지하는 친구였습니다. 그런데 어느 날, 중학생이 된 가현이가 학원에 핫팬츠를 입고 왔습니다. 평소 단정했던 아이였기에 저는 조심스럽게 말했습니다. "가현아, 그 옷은 학원에서는 조금 어울리지 않아. 집에 가서 갈아입고 다시 오렴." 혹시나 아이가 상처받을까 걱정했지만, 마침 학원에 들르신 가현이 어머니의 반응은 인상적이었습니다. "가현아, 원장님 말씀 들었지? 얼른 다녀오렴." 그 한마디에는 꾸짖음도, 변명도, 감정의 흔들림도 없었습니다. 단호하지만 침착했고, 아이가 해야 할 행동을 명확히 제시한 태도였습니다. 가현이는 얼굴이 붉어졌지만, 말없이 고개를 끄덕이고 집으로 향했습니다. 그 짧은 장면 속에서 저는 "부모의 한마디가 아이의 태도를 결정한다"는 사실을 다시금 느꼈습니다. 어머니의 차분한 태도는 아이에게 "잘못은 고치면 된다"는 기준을 심어 주었고, 그것은 훈계보다 훨씬 큰 교육의 힘이었습니다. 결국, 부모의 품격이 곧 아이의 인격이 됩니다. 말보다 태도로 보여 주는 교육이 아이의 마음에 더 깊이 남습니다.

가현이는 그날 이후로도 한결같이 성실했습니다. 학원을 한 번도 빠지지 않았고, 수업 시간마다 눈빛은 집중되어 있었습니다. 숙제는 제때 해 왔고, 스스로 세운 계획을 끝까지 지켰습니다. 그 꾸준함은 중학교 3학년 때 전교 1등을 단 한 번도 놓치지 않는 결과로 이어졌습니다. 이후 자사고

진학, 그리고 서울외국어대학교 합격으로 그 여정은 빛났습니다. 하지만 제가 기억하는 가현이는 단순히 성적이 좋은 학생이 아니었습니다. 겸손하고, 친구를 배려할 줄 아는 마음, 그리고 스스로를 단단히 세울 줄 아는 아이였습니다. 스승의 날이 되면 지금도 가현이 어머니는 문자를 보내십니다. "원장님, 가현이를 영어뿐 아니라 인성까지 잘 이끌어 주셔서 감사합니다." 그 짧은 한 문장은 언제 들어도 마음을 따뜻하게 덮습니다. 저는 가현이를 통해 배웠습니다. 성적만으로 완성되는 성장은 없다. 공부와 인성이 함께 자랄 때 아이는 깊고 넓게 성장한다는 것을요.

하지만 주희의 길은 달랐습니다. 초등학교 때는 누구보다 빠르고 똑똑한 아이였지만, 중학교에 들어서면서 관심이 공부에서 외모와 친구 관계로 옮겨 갔습니다. 작은 거짓말이 늘고, 학습 태도도 흐트러졌습니다. 담임 선생님과 제가 여러 차례 상담을 요청했지만, 부모님의 대답은 한결같았습니다. "교육비만 내면 되는 거 아닙니까? 우리 아이는 우리가 알아서 하겠습니다." 그 말속에는 책임보다 거리감과 방관이 느껴졌습니다. 결국 부모의 참여 없이 시간이 흘렀고, 주희는 학원을 그만두었습니다. 얼마 지나지 않아 학교 정학 소식을 들었을 때, 제 마음은 무너졌습니다. 그것은 단순한 사고가 아니라, 작은 방심과 무관심이 쌓여 방향을 잃게 된 결과였습니다.

아이들이 사춘기에 접어들면 신체적 변화뿐 아니라 감정의 폭도 커지고, 자아의식이 강해집니다. 겉으로는 어른처럼 보이지만, 속은 여전히 불안하고 흔들립니다. 이 시기에 가장 중요한 것은 점수가 아니라 부모의 태도입니다. 아이의 감정과 변화를 존중하면서도, 따뜻하게 이끌어 주는 균형 잡힌 태도가 필요합니다. 그래야 아이는 혼란 속에서도 스스로 길을 찾아 나가고, 실패를 통해 다시 일어서는 법을 배웁니다. 반대로, "우리 아이는 알아서 하겠지"라는 막연한 믿음과 방관은 아이를 혼자 두는 일입니다. 지도가 사라진 그 빈틈 속에서 아이는 쉽게 길을 잃고, 때로는 되돌리기 힘든 선택을 하게 됩니다. 가현이와 주희는 모두 똑똑하고 잠재력이 있던 아이들이었습니다. 그러나 사춘기라는 분기점에서 부모가 어떤 태도로 아이를 대했는가, 그 한 가지 차이가 두 아이의 인생을 전혀 다른 방향으로 이끌었습니다.

5월이 되면 거리마다 빨간 카네이션이 피어나고, 아이들은 부모님께 감사의 마음을 전합니다. 그러나 정작 부모의 사랑이 얼마나 깊고 큰 희생 위에 놓여 있는지 진심으로 이해하는 아이는 많지 않습니다. 저는 아이들에게 자주 말합니다. "어머니의 사랑을 이해한 아이는 반드시 달라집니다." 그 마음을 깨달은 아이는 공부하는 태도, 사람을 대하는 마음, 인생을 바라보는 시선까지 한층 성숙해집니다. 이 사실을 보여 주는 감동적인 이야기가 있습니다. 미국의 한 청년은 누구보다 성실하고 꿈이 뚜렷한 학생이었습니다. 그러나 교통사고로 두 눈의 시력을 잃고 깊은 절망에 빠졌습니다. "이제 내 인생은 끝났다." 그렇게 세상과 자신을 닫아버린 그는 모든 희망을 잃은 듯했습니다. 하지만 그를 다시 일으켜 세운 것은 끝까지 포기하지 않은 부모의 사랑이었습니다. 돈도 명예도 아닌, 오직 부모의 믿음과 헌신이 어둠 속의 아들에게 다시 살아갈 이유를 심어 준 것입니다. 부모의 사랑은 아이의 인생을 다시 빛으로 이끄는 가장 강한 힘입니다.

사고 이후, 청년은 방 안에 스스로를 가둔 채 세상과 단절된 삶을 살았습니다. 친구들의 위로도, 세상의 어떤 말도 그의 마음을 움직이지 못했습니다. "다시는 예전의 나로 돌아갈 수 없다." 그 절망의 생각이 그의 세상을 점점 더 어둡게 만들었습니다. 홀로 아들을 키워 온 어머니는 하루도 빠짐없이 곁을 지켰습니다. 낮에는 간호하고, 밤에는 조용히 이불을 덮으며 아들의 숨소리를 확인했습니다. 혹시 아들이 '혼자'라 느낄까 봐,

마음 한구석은 늘 조마조마했지만, 아들의 마음 문은 여전히 닫혀 있었습니다. 그는 어머니를 보지 않았고, 세상도, 자신도 외면했습니다. 청년이 붙잡고 있던 마지막 희망은 병원에 남겨 둔 '안구 기증 등록증'이었습니다. 기적처럼 새로운 시력을 되찾게 해 줄 단 하나의 가능성. 그러나 마음 한편에는 언제나 '그날은 오지 않을지도 모른다'는 불안이 그림자처럼 따라다녔습니다.

병원에서 걸려 온 한 통의 전화가 청년의 인생을 바꿨습니다. 기증받을 안구가 생겼다는 소식이었죠. 하지만 그는 기쁨보다 불만을 먼저 내뱉었습니다. "두 눈이 멀쩡했는데, 이제 한쪽 눈이라니… 이걸로 어떻게 살라는 거죠?" 청년은 여전히 잃은 것만 바라보며, 남아 있는 가능성을 보지 못했습니다. 그 옆에서 어머니는 아무 말 없이 아들의 말을 묵묵히 들어주었습니다. 그리고 수술을 받겠다는 아들의 결정에 조용히 미소를 지었지만, 그 미소 속에는 깊은 슬픔이 숨어 있었습니다. 며칠 뒤, 수술이 끝나고 붕대를 푸는 순간, 청년은 숨이 멎을 만큼 놀랐습니다. 그의 앞에 선 어머니가 한쪽 눈에 붕대를 감고 있었던 것입니다. 그제야 그는 깨달았습니다. 자신이 다시 세상을 보게 된 빛은 어머니가 내어 준 눈을 통해 들어온 것임을요. 어머니는 아들의 손을 잡고 조용히 말했습니다. "아들아, 엄마는 네게 두 눈을 다 주고 싶었단다. 하지만 그 무게가 너무 클까 봐 한쪽만 주기로 했단다." 그날 청년은 비로소 두 눈으로도 보지 못했던 사랑의 얼굴을 보았습니다. 그것은 세상 그 어떤 빛보다 찬란한, 어머니의 사랑이었습니다.

그날 청년은 두 눈으로도 보지 못했던 세상의 가장 찬란한 빛을 보았습니다. 그것은 하늘보다 맑고, 별빛보다 깊은 '어머니의 사랑'이었습니다. 그는 그제야 깨달았습니다. 이 사랑은 어떤 말로도 다 표현할 수 없고, 어떤 값으로도 갚을 수 없는 삶의 가장 귀한 선물이라는 것을요. 이 이야기를 아이들에게 들려주면, 모두 숨죽여 듣습니다. 어떤 아이는 눈시울이 붉어지고, 조용히 눈물을 닦습니다. 이야기가 끝나면 이렇게 말합니다. "저도 엄마한테 고맙다고 말하고 싶어요." 그 순간 저는 느낍니다. 아이에게 진짜 변화를 만드는 것은 지식이 아니라 사랑의 깨달음이라는 것을요. 어버이날은 하루뿐이지만, 부모의 사랑은 매일 흐르는 강물처럼 자녀 곁을 감싸고 있습니다. 그 사랑을 마음으로 느끼는 순간, 아이의 말투가 부드러워지고, 태도가 달라지며, 인생의 방향까지 변합니다. 진정한 교육의 목적은 지식을 쌓는 것이 아니라 사람 됨을 세우는 일, 그리고 그 중심에는 늘 사랑이 있습니다. 사랑을 깨달은 아이는 단지 똑똑한 아이가 아니라, 따뜻하고 강한 사람으로 자라납니다.

지금 이 순간에도, 세상 어딘가에서는 누군가의 어머니가 자신이 가진 가장 귀한 것을 아무 조건 없이 자녀에게 건네고 있을 것입니다. 그것은 눈에 보이는 물질일 수도 있지만, 대부분은 눈에 보이지 않는 사랑과 헌신의 형태로 존재합니다. 아이를 위해 자신의 시간을 쪼개고, 편안함을 뒤로 미루며, 때로는 마음의 상처마저 감추고 웃음을 보여 주는 것. 이 모든 것이 부모가 매일 같이 전하는 사랑입니다. 그 사랑의 깊이를 깨닫는다면, 우리는 누구나 조금 더 따뜻한 사람이 될 수 있습니다. 그리고 그런 사람이 늘어날수록, 세상은 조금 더 온화하고 살기 좋은 곳으로 변해 갑

     공부보다 먼저, 부모가 가르쳐야 할 것

니다. 결국 교육이란, 아이가 그 사랑을 이해하고, 자신 또한 누군가에게
그런 사랑을 전할 수 있는 사람이 되도록 이끄는 과정이 아닐까요.

Ⅳ. 세계관과 체험 중심 교육

50장 MBTI로 내 아이 이해하기

우리 가족이 자녀 교육에서 가장 잘한 일을 꼽으라면, 가족 모두 함께 MBTI 검사를 받았던 날을 이야기할 것입니다. 단순한 성격 테스트가 아니라, 서로를 더 깊이 이해하게 된 가족 관계의 전환점이었기 때문입니다. 검사 결과를 통해 우리는 아이의 사고방식, 감정 표현, 스트레스 대처 방식을 처음으로 구체적으로 알게 되었습니다. 이전에는 '공부를 잘한다', '성격이 활발하다' 정도로만 보았다면, 이제는 아이의 내면과 가능성의 방향을 이해하게 된 것이죠.

그날 이후, 우리 가족의 대화는 달라졌습니다. 공부나 진로를 이야기할 때도 부모의 기대가 아닌, 아이의 성향과 적성을 기준으로 이야기했습니다. 그 변화는 아이에게 자신감과 신뢰를 주었습니다. "부모님이 나를 이해해 주신다"는 믿음이 생기자, 아이는 스스로의 길을 주체적으로 선택하기 시작했습니다. 돌이켜보면, 그날의 MBTI 검사는 단순한 이벤트가 아니었습니다. 가족이 서로를 이해하기 시작한 출발점, 그리고 아이가 자기 자신을 긍정적으로 받아들이는 중요한 계기였습니다.

부모라면 누구나 한 번쯤 "우리 아이가 의사나 변호사가 되면 좋겠다"는 꿈을 꿉니다. 안정된 직업과 사회적 인정을 바라는 마음은 자연스러운 일이죠. 하지만 요즘 아이들에게 "커서 뭐가 되고 싶니?"라고 물어보면, 대답은 달라졌습니다. "유튜버", "운동선수", "크리에이터" 같은 답이 돌아옵니다. 놀라운 변화처럼 보이지만, 그 속에는 아이들이 자신을 표현하며 살고 싶어 하는 새로운 가치관이 담겨 있습니다.

지금의 아이들에게 '꿈'은 생계의 수단이 아니라 자기 자신을 드러내는 방식입니다. 좋아하는 일을 하며 의미와 즐거움을 찾고 싶어 하는 것이죠. 그래서 "안정적인 직업이 최고야"라는 기준은 더 이상 통하지 않습니다. 세상은 이미 바뀌었고, 아이들이 살아갈 세상에는 새로운 능력과 가치가 필요합니다. 이 변화는 부모에게 분명한 메시지를 줍니다. 부모의 기대와 아이의 현실이 부딪힐 때, 그 간격을 좁히지 못하면 아이는 혼란에 빠집니다. 부모가 기준을 강요하기보다 아이의 성향과 관심을 이해하고 존중하는 일, 그것이야말로 진정한 교육의 출발점입니다. 아이가 스스로의 길을 찾아가도록 믿어 주는 순간, 비로소 행복한 성장이 시작됩니다.

저도 아주 오랫동안 고민했습니다. "어떻게 하면 우리 아이가 진짜 행복한 삶을 살 수 있을까?" 그 답을 찾는 과정에서 강영우 박사와 전혜성 박사 부부의 교육 철학은 큰 깨달음을 주었습니다. 강영우 박사는 미국에서 박사 학위를 취득한 최초의 시각장애인이라는 이력 외에도, 두 아들을 인재로 키워 낸 독특한 교육 철학으로 많은 주목을 받습니다. 그의 교육 방식에는 강요나 억압, 일방적인 통제가 존재하지 않았습니다. 그 자리는 대신 자녀의 고유성을 인정하는 관찰, 깊은 이해, 그리고 인격체로서의 존중이 채우고 있었습니다. 그 결과, 첫째 아들은 하버드 법대를 졸업하여 오바마 행정부에서 자문위원으로 활동했으며, 둘째 아들은 예일대 의대를 선택해 안과 의사의 길을 걷게 되었습니다. 특히 둘째 아들이 의학을 선택한 배경에는 "아버지의 시력을 되찾아 드리고 싶다"는 애틋한 마음, 즉 사랑에서 비롯된 분명한 꿈이 있었습니다. 이처럼 타인의 시선이 아닌, 내면의 사랑에서 우러나온 목표는 그 무엇보다 강력한 동기이자 삶의 방향성이 되었습니다. 이러한 자발적인 성장의 바탕에는 강 박사만의 확고한 기준이 있었습니다. 그는 자녀 교육의 척도를 '남들이 가는 보편적인 길'이나 사회적 성공에 두지 않았습니다. 대신, 자녀가 어떤 일에 시간 가는 줄 모르고 몰입하는지, 그리고 예상치 못한 실패나 난관에 부딪혔을 때 어떤 태도를 보이는지를 꾸준히 관찰했습니다.

그는 "모든 아이는 자신만의 고유한 성장 속도를 지닌다"는 사실을 깊이 신뢰했습니다. 이러한 믿음을 바탕으로 아이들을 재촉하거나 타인과 비교하지 않았습니다. 대신 자녀가 스스로의 관심사를 발견하고, 실패를 디딤돌 삼아 일어설 수 있도록 묵묵히 지켜보고 격려하는 환경을 제공하는 데 집중했습니다. 저 역시 아이들과 함께 MBTI 검사를 하며 비슷한 깨달음을 얻었습니다. 아이들은 섬세하고 예민한 성향이 있었고, 그런 아이에게 부모의 기대만 강요했다면 꿈이 아닌 부담이 되었을 것입니다. 많은 부모가 "내 아이를 누구보다 잘 안다"고 말하지만, 사실은 성적이나 행동 같은 겉모습만 보고 판단하는 경우가 많습니다. 그러나 아이의 진짜 모습은

　　　　　　　공부보다 먼저, 부모가 가르쳐야 할 것

그 이면에 있습니다. 아이를 깊이 이해하려면 추측이 아닌 객관적인 관찰과 열린 시선이 필요합니다. 부모의 역할은 자신의 기준을 덧씌우는 것이 아니라, 아이를 있는 그대로 보고 가능성을 찾아 주는 일입니다. 그 시선이야말로 아이의 행복한 미래를 여는 열쇠입니다. MBTI 같은 성격·적성 검사는 단순한 심리테스트가 아니라 아이를 이해하는 도구입니다.

이를 통해 아이의 사고방식, 소통 방식, 스트레스 반응, 적성 등을 객관적으로 파악할 수 있습니다. 부모가 '감'이 아닌 근거 기반의 이해로 아이를 바라볼 때, 교육 방향도 달라집니다. 검사 결과를 바탕으로 아이의 강점을 존중하며 교육 계획을 세운다면, 아이는 자신이 '있는 그대로' 존중받고 있다는 안정감을 느낍니다. 이 안정감은 곧 자기 확신으로 이어지고, "나답게 살아도 괜찮다"는 믿음을 만들어 줍니다. 그때부터 아이는 부모가 정해 준 길이 아닌 스스로 선택한 길을 걸어가는 힘을 갖게 됩니다. 결국 부모의 역할은 아이를 자신이 원하는 모습으로 '만드는 것'이 아니라, 아이 본연의 색을 발견하고 그 빛을 선명하게 비춰 주는 것입니다. MBTI는 그 여정을 돕는 훌륭한 길잡이이며, 이 작은 노력이 아이의 미래를 바꾸는 첫걸음이 될 수 있습니다.

자녀 교육의 핵심은 부모의 기준에 아이를 맞추는 것이 아니라, 아이 안에 이미 존재하는 고유한 빛을 발견하고 키워 주는 것입니다. 부모가 원하는 틀에 아이를 끼워 넣으려 하면, 아이는 점점 자신을 숨기고 행복을 잃게 됩니다. 하지만 있는 그대로의 아이를 인정하고 바라봐 줄 때, 아이는 자신을 긍정하게 되고, 그 긍정은 곧 자존감이라는 단단한 뿌리로 자라납니다. 부모가 할 수 있는 가장 지혜로운 시작은 '아이를 이해하려는 노력'입니다. 성격, 기질, 흥미, 강점뿐 아니라 약점까지도 받아들이는 태도는 자녀 교육의 가장 중요한 기반입니다. 부모의 역할은 아이의 가능성을 미리 정해두는 것이 아니라, 그 가능성이 자연스럽게 피어날 수 있도록 기다리고 지지하는 것입니다.

결국 행복한 미래는 부모가 만들어 주는 틀 안이 아니라, 아이가 스스로의 빛을 찾아가는 과정 속에서 만들어집니다. 부모는 아이의 길을 대신 정해주는 사람이 아니라, 그 길을 함께 걸어 주는 동반자가 되어야 합니다. 오늘 그 첫걸음은 작지만 간단합니다. 아이를 더 깊이 이해하려는 시선, 그리고 그 이해에서 나온 따뜻한 존중과 격려의 한마디가 바로 그 시작입니다. 그 작은 변화가 아이의 내일, 그리고 인생 전체를 바꿔 놓을 수 있습니다.

  공부보다 먼저, 부모가 가르쳐야 할 것

51장 여행을 통한 자녀 교육

여행은 단순히 일상에서 벗어나 쉬는 시간이 아니라, 가족이 함께 배우고 성장하는 살아 있는 배움의 장입니다. 아이와 함께 떠나는 여행은 새로운 풍경을 보는 즐거움보다, 서로의 마음을 이해하고 함께 배우는 시간이라는 점에서 특별한 의미를 가집니다. 이런 경험은 시간이 지나도 사라지지 않고, 가족의 마음속에 오랫동안 따뜻한 기억으로 남습니다. 하지만 준비 없이 떠난 여행은 아이들에게 오히려 피곤하고 지루한 일정이 될 수 있습니다. 부모에게는 휴식이지만, 아이에게는 '따라다니는 여행'이 될 때, 가족 간의 유대는 깊어지지 않습니다. 나이가 들수록 아이는 친구와의 시간을 더 중요하게 여기고, 부모와의 여행을 부담스러워하게 되지요. 결국 여행의 의미가 사라지고 단순한 소비적 활동으로 끝나 버릴 수 있습니다.

반면 유대인들의 여행은 다릅니다. 그들에게 여행은 배움이 이어지는 또 하나의 교실입니다. 단순한 이동이 아니라, 새로운 경험 속에서 삶의 의미와 가치를 발견하는 여정입니다. 풍경을 보는 데 그치지 않고, 세상을 이해하고 시야를 넓히며, 가족이 함께 성장하는 시간이 바로 그들의 여행입니다. 우리 가족은 여행을 단순한 '휴식'이 아닌 배움의 여정으로 만들고자 했습니다. 그래서 '어디로 갈까?'보다 먼저 '왜 가는가?'를 정했습니다. 그 결과 선택한 주제는 소설 〈메밀꽃 필 무렵〉의 작가, 이효석이었습니다. 교과서와 수능 지문에도 자주 등장하는 작가의 발자취를 따라

가며, 문학을 눈으로 보고 마음으로 느껴보기 위해 강원도 평창의 이효석 문학관과 생가를 여행지로 정했습니다.

가족회의를 열어 각자의 역할도 정했습니다. 아버지는 운전과 일정 조율을 맡고, 어머니는 음식 준비를 담당했습니다. 초등학교 6학년인 아들은 작가와 여행지에 대한 자료를 조사했고, 4학년인 딸은 여행 경비 관리자로서 예산 40만 원을 책임졌습니다. 아이들이 단순히 따라가는 '손님'이 아니라, 여행의 주체로 참여하게 하고 싶었던 것입니다. 아들은 자료조사를 통해 문학적 배경뿐 아니라 강원도의 역사와 자연, 그리고 메밀꽃의 의미를 배우며 시야를 넓혔습니다. 딸은 꼼꼼히 지출을 기록하며 경제감각과 책임감을 익혔습니다. 특히 "아빠가 이렇게 열심히 일해서 우리를 데리고 여행 오는 거구나"라는 딸의 말은 그 어떤 교과서보다 깊은 경제교육의 순간이었습니다.

여행지에 도착해서는 아들이 준비한 자료를 바탕으로 문학관을 둘러보았습니다. 봉평의 들판에 끝없이 피어난 메밀꽃을 바라보며, 글 속에서 '하얀 물보라'라는 표현이 왜 나왔는지를 눈으로 확인할 때, 우리 모두는 깊은 감탄을 했습니다. 숙소에 돌아와서는 하루를 정리하며 온 가족이 둘러앉아 느낀 점을 나눴습니다. 아들은 문학에 대한 관심이 더 깊어졌고, 딸은 돈을 관리하며 책임감과 성취감을 느꼈습니다. 그리고 부모로서 우리는 아이들이 한 뼘 더 성장한 모습을 가까이에서 지켜볼 수 있었습니다.

1박 2일의 짧은 여정이 끝나고 집으로 돌아왔을 때, 우리는 단순한 여행

　　　　　　　공부보다 먼저, 부모가 가르쳐야 할 것

이 아닌 '배움과 성장을 담은 시간'을 다시 생각했습니다. 가족 여행은 돈과 시간이 필요합니다. 하지만 그만큼 값진 가치를 아이에게 안겨 줄 수 있는 기회이기도 합니다. 교과서에서 배우지 못하는 산지식을 가르칠 수 있고, 함께 느끼는 경험 속에서 아이는 살아 있는 배움을 얻게 됩니다. 유대인의 지혜처럼, 여행은 자녀 교육의 연장이자 가장 아름다운 '살아 있는 교실'입니다. 부모가 조금의 시간과 노력을 더한다면, 여행은 아이의 기억 속에서 단순한 사진이 아니라, 삶을 비추는 등불로 남게 될 것입니다.

괴테의 탁월함은 선천적인 재능만으로 이루어진 것이 아닙니다. 그의 깊은 상상력과 사유는 유년 시절 어머니의 독특한 교육법에서 싹텄습니다. 괴테의 어머니는 매일 밤 아들과 책을 읽다가 결말에 이르면 책을 덮고 묻곤 했습니다. "뒷이야기는 어떻게 이어질까? 네가 작가라면 어떻게 마무리하겠니?" 이 질문 하나가 어린 괴테의 상상력을 자극했습니다. 그는 매번 다른 결말을 구상하며, '타인이 만든 이야기'를 넘어 '스스로의 서사'를 창조하는 즐거움을 깨우쳤습니다. 이 습관이 훗날 그를 세계적인 문호로 성장시킨 토대가 되었습니다.

이 일화는 우리에게 중요한 시사점을 줍니다. 진정한 교육은 지식 주입이 아니라, 사유하게 하는 과정입니다. 자녀에게 정답을 제시하기보다 스스로 묻고 상상하도록 이끄는 양육자의 자세, 그것이 아이 내면의 창의성과 사고력을 키우는 가장 효과적인 길입니다. 괴테의 어머니는 아들에게 "작가는 세상을 창조하는 존재란다. 세상은 주어진 것이 아니라 만들어 가는 거야"라는 말을 자주 했습니다. 그녀는 언제나 답을 건네는 대신 질문을 던졌습니다. 이야기의 결말을 알려 주는 대신, "그다음은 어떨 것 같니?"라고 물으며 괴테가 스스로 상상하고 결론을 짓도록 유도했습니다.

그 질문과 사유의 여백 속에서 괴테는 수동적으로 생각하는 아이를 넘어, 능동적으로 창조하는 아이로 성장했습니다. 그의 문학은 정해진 답을 따르지 않고, 무수한 가능성을 탐색하는 열린 마음에서 비롯되었습니다. 이처럼 어머니의 교육 철학은 '정답을 주입하는 일'이 아니라 '스스로 사유하게 하는 일'에 있었습니다. 이는 오늘날의 부모에게도 깊은 성찰을 안겨 줍니다. 우리는 애정에서 비롯되어 자녀의 길을 미리 닦아주고, 넘어지기 전에 손을 내밀며, 실패를 막아 주려 애씁니다. 하지만 때로 이러한 과보호가 아이가 스스로 배우고 성장할 여지를 빼앗을 수 있습니다. 아이에게 진정 필요한 것은 완벽하게 닦인 길이 아니라, 스스로 걸어 보는 경험과 그 과정에서 배우는 힘입니다.

괴테 어머니의 "물가까지는 데려가되, 물고기 잡는 법은 아이가 스스로 터득하게 하라"는 말에는 양육의 본질이 담겨 있습니다. 자녀에게 필요한 것은 모든 것을 대신해 주는 헌신이 아니라, 스스로 선택하고 실수하며 배울 수 있도록 돕는 '기회의 사랑'입니다. 부모는 아이의 걸음을 대신하는 존재가 아니라, 그 길을 지켜보며 신뢰하고 기다려 주는 동반자여야 합니다. 정답을 제시하는 대신 질문을 던지고, 결과보다 과정을 중시하는 자세, 그것이 아이를 내면이 강한 사람으로 성장시키는 원동력입니다. 우리도 괴테의 어머니처럼 일상 대화 속에서 아이의 사고를 자극하는 질문을 던질 수 있습니다. "너라면 어떻게 할래?", "이 상황에 다른 방법은 없을까?", "다시 한다면 어떻게 하면 좋았을까?" 이런 물음은 아이의 마음속에 '생각할 여백'을 마련해 줍니다. 그 여백이 쌓여, 아이는 스스로 판단하고 선택하며 자신만의 시선으로 세상을 해석하는 역량을 얻게 됩니다. 결국 교육은 지식을 건네는 행위가 아니라, 생각하는 존재로 자라도록 기다려 주는 과정입니다.

부모가 앞장서서 자녀의 일을 처리해 주는 것이 항상 바람직한 교육은 아닙니다. 아이가 스스로 무언가를 하려는 순간, "그건 엄마(아빠)가 해 줄게" 대신 "어떻게 하고 싶니?"라고 물어보세요. 그 한마디가 아이 마음에 "나는 할 수 있다"는 신뢰를 심어 줍니다. 이처럼 질문으로 이어지는 소통 속에서 아이는 점차 주도적으로 생각하고, 판단하며, 행동하는 사람으로 성장합니다. 부모의 역할은 자녀의 인생을 대신하는 것이 아니라, 그가 자신의 힘으로 설 수 있도록 돕는 것입니다. 실수를 원천봉쇄하기보다, 그것을 통해 배우고 다시 일어설 수 있게 곁에서 신뢰를 보내는 사랑이 진정한 교육의 힘입니다. 사고력 역시 같은 원리로 자라납니다. 정해진 답을 신속하게 맞히는 것보다, 스스로 질문하고 고뇌하며 해법을 찾아가는 과정이 아이의 내면을 깊고 견고하게 만듭니다. 이러한 경험이 축적될수록, 아이는 어려운 상황에서도 자신만의 판단으로 길을 개척할 수 있습니다. 그 힘이야말로 아이를 진정한 성숙한 존재로 이끄는 자산입니다.

그러므로 오늘날 우리가 길러 내야 할 인재는 단순히 문제를 잘 푸는 아이가 아닙니다. 누군가 제시한 정답을 잘 암기하는 아이가 아니라, 세상에 아직 존재하지 않는 새로운 해답을 스스로 창조할 수 있는 아이입니다. 그 아이에게 필요한 것은 바로 질문하는 습관과 '열린 결말의 대화'입니다. 부모가 자녀와 나누는 이야기 속에 "이건 어떻게 끝날까?", "너라면 어떤 결말을 만들고 싶니?"라는 물음이 담길 때, 아이의 상상력은 비로소 작동하기 시작합니다. 그렇게 던진 말 한마디, 질문 하나가 마음 깊은 곳에 작은 씨앗으로 심기고, 언젠가 그 씨앗은 세상을 새롭게 바라보고 변화시키는 힘으로 자라날 것입니다. 자녀의 가능성을 믿는다는 것은, 곧

     공부보다 먼저, 부모가 가르쳐야 할 것

그가 스스로의 삶을 설계할 수 있음을 신뢰하는 것과 같습니다. 그리고 그 신뢰는, 우리가 건네는 질문에서 비롯됩니다.

아이들이 초등학교 고학년이 되면, 부모의 마음은 흔들립니다. "이제 공부를 본격적으로 시켜야 할까?", "어디서부터 시작해야 할까?" 하는 불안이 밀려오지요. 주변의 부모들이 사교육에 열을 올릴수록, '혹시 우리만 늦는 건 아닐까' 하는 조급함이 커집니다. 저 역시 그 시기에 같은 고민을 했습니다. '책을 읽히고, 몸을 움직이며, 세상에 대한 호기심을 키워 주자'는 원칙으로 아이를 키워 왔지만, 사춘기가 다가오자, 그 믿음이 흔들렸습니다. 이 시기가 아이의 미래를 결정짓는 골든타임이라면, 과연 지금의 방식이 옳은 걸까? 그 두려움은 생각보다 깊었습니다. 답을 찾기 위해 교육서를 읽고 강연을 찾아다녔지만, 명확한 해답은 없었습니다.

그러던 중 강영우 박사님의 삶을 접하게 되었고, 그 순간 제 자녀 교육의 방향이 완전히 바뀌었습니다. 어린 시절 사고로 두 눈의 시력을 잃었지만, 현실을 원망하는 대신 배움이라는 내면의 빛을 선택했고 그 빛으로 스스로 인생을 새롭게 연 인물. 절망 속에서도 희망을 붙잡은 그의 삶은 '진정한 교육의 목적은 지식이 아니라, 삶을 밝히는 태도를 가르치는 것'임을 깨닫게 해 주었습니다. 강영우 박사는 연세대학교에서 교육학을 전공한 뒤 미국으로 건너가 피츠버그대학교에서 석사와 박사 학위를 받았습니다. 비록 물리적인 시력은 잃었지만, 그는 세상을 보는 또 다른 눈, 즉 '통찰의 눈'을 얻었습니다. 그의 인생은 "환경이 한계를 만드는 것이 아니라, 마음이 길을 연다"는 진리를 보여 주는 살아 있는 교과서였습니다.

강 박사는 말보다 삶으로 "한계는 가능성의 시작이며, 선택은 환경이 아니라 의지에서 비롯된다"는 메시지를 전했습니다. 하지만 그가 남긴 가장 큰 울림은 가정 안에서 실천된 교육 철학이었습니다. 자녀들이 훌륭하게 성장한 그 과정을 통해, 아이를 세계적인 인재로 키운 힘은 지식이 아니라 부모의 믿음과 태도였다는 것을 깨달았습니다. 강영우 박사는 "자녀의 성공은 부모의 욕심이 아니라, 부모의 태도에서 시작된다"는 교육 철학을 온몸으로 증명해 낸 사람이었습니다.

강영우 박사의 책 《아버지와 아들의 꿈》은 단순한 자녀 교육 지침서가 아니었습니다. 그것은 한 아버지가 신념으로 가정을 세운 이야기이자 삶의 철학서였습니다. 책을 읽는 동안 저는 스스로에게 물었습니다. "나는 어떤 태도로 아이를 키우고 있는가?", "아이를 바꾸려 하기 전에, 나는 먼저 변화하려 노력하고 있는가?" 그 질문은 제 마음 깊이 남았고, 결국 한 가지 확신에 이르렀습니다. 아이의 변화는 부모의 변화에서 시작된다는 진리였습니다. 부모가 먼저 비전을 세우고 삶으로 보여 줄 때, 아이의 인생도 흔들림 없는 방향을 찾아갑니다.

사실 저는 책을 자주 읽는 사람이 아니었습니다. '바쁘다'는 이유로 독서를 미뤘고, 자녀 교육은 대부분 아내의 몫이었습니다. 그저 돈을 벌어 오는 것이 아버지의 역할이라 여겼습니다. 하지만 강영우 박사님의 이야기를 통해 깨달았습니다. 자녀 교육은 결코 엄마 혼자 감당할 수 있는 일이 아니며, 아버지도 반드시 함께 서야 한다는 것을요. 그 후 저는 제 자신에게 물었습니다. "나는 지금까지 아이들에게 어떤 모습을 보여 주었는가?" 돌아보니 저는 그저 '가장'이라는 이름에 안주하며 책임의 절반만 지고 있었습니다. 그러나 아이의 인생에 가장 큰 영향을 주는 사람은 바로 부모입니다. 그 역할을 온전히 다하지 않는다면, 아이의 방향 또한 쉽게 흔들릴 수 있다는 사실을 그제야 깊이 깨달았습니다.

강영우 박사님의 메시지는 제 마음을 강하게 울렸습니다. "아빠가 바뀌면 가정이 바뀐다." 그 말이 깊이 와닿았고, 저는 결심했습니다. 이제는 뒷전에서 바라보는 아버지가 아니라, 아이의 인생을 함께 설계하고 걸어가는 진짜 동반자가 되겠다고 말입니다. 그 후 저는 그의 책들을 찾아 읽기 시작했습니다. 거기에는 점수를 올리는 공부법이 아닌, 아이를 '사람'으로 키우는 지혜가 담겨 있었습니다. 가정의 분위기, 부모의 말과 태도, 그리고 아이의 가능성을 키워 주는 구체적인 방법들이 그의 글 속에 녹아 있었습니다. 책을 읽으며 절실히 깨달았습니다. 교육은 말로 하는 것이 아니라 삶으로 보여 주는 것이라는 사실을요. 부모가 스스로 모범이 되지 않으면, 어떤 가르침도 아이의 마음에 닿지 않습니다.

저는 아이의 꿈을 존중하되, 그 꿈이 올바른 방향으로 나아가도록 곁에서 빛을 비추는 역할이 부모의 자리라는 것도 배웠습니다. 무조건적인 방임도, 억압적인 간섭도 아닌 '함께 걷는 동행'이 진짜 교육이었습니다. 그래서 저는 아이와의 대화부터 바꾸었습니다. "왜 이렇게 못하니?" 대신 "네가 해낸 노력은 참 대단하구나.", "왜 넘어졌어?" 대신 "괜찮아, 다시 해보자." 이런 작은 말 한마디가 쌓이자, 아이와 나 사이의 거리가 조금씩 좁혀졌습니다. 그리고 그때 비로소 깨달았습니다. 부모가 바뀌면 아이가 바

     공부보다 먼저, 부모가 가르쳐야 할 것

꿔고, 아이가 바뀌면 가정이 달라진다는 진리를요. 세상에는 자녀 교육을 말하는 책과 전문가가 많지만, 제 인생을 진정으로 바꾼 사람은 강영우 박사님 부부였습니다. 그분들은 말이 아닌 삶으로 교육의 본질을 보여 준 분들이었습니다. "교육은 입으로 하는 것이 아니라, 부모의 삶으로 보여 주는 것이다." 이 단순하지만, 깊은 메시지가 제 인생의 기준이 되었습니다.

이전까지 저는 '아이에게 어떤 말을 해 줘야 할까', '공부는 어떻게 시켜야 할까'에만 집중했습니다. 그러나 이제는 깨달았습니다. 아이를 바꾸려면 먼저 부모가 변해야 한다는 것, 그리고 부모의 일상과 태도가 아이의 인생 교과서가 된다는 사실을요. 책은 제게 가장 좋은 스승이었습니다. 책을 통해 얻은 배움은 제 행동을 바꾸었고, 그 행동은 아이에게 자연스러운 교육이 되었습니다. 이제는 확신합니다. 부모의 삶 자체가 아이에게 가장 강력한 메시지라는 것을. 화를 내는 방식, 어려움을 대하는 태도, 사람을 대하는 말 한마디. 아이의 기준이 됩니다.

과거에는 아이에게 더 많은 것을 '해 주려는' 부모였습니다. 하지만 지금은 압니다. 아이에게 줄 수 있는 최고의 선물은 부모 자신이 좋은 본보기가 되는 것이라는 사실을요. 부모의 하루하루가 곧 아이의 내일을 설계하는 밑그림이 됩니다. 교육은 결국 관계에서 시작되고, 그 관계의 중심은 언제나 부모입니다.

부모도 아이와 함께 자란다

54장 옳고 그름보다 먼저, 부모가 보여 줘야 할 것

"아이들은 부모의 말보다 부모의 삶을 따라 배운다."

이 한 문장은 부모라면 꼭 마음에 새겨야 할 진리입니다. 우리는 아이에게 좋은 말을 해 주고, 교육법을 찾아보지만 결국 아이에게 가장 큰 영향을 주는 교과서는 부모의 삶 그 자체입니다. 말보다 강한 것은 행동이고, 지식보다 깊은 것은 태도입니다. 부모가 "바르게 살아야 해"라고 말하면서 약속을 어기거나 타인에게 무례하게 행동한다면, 아이는 말이 아니라 그 행동을 배웁니다. 아이의 눈은 언제나 부모를 향해 있습니다. 부모의 말투, 표정, 감정 조절 방식, 갈등을 대하는 태도가 아이의 삶의 교본이 됩니다. 부모의 말과 행동이 일치하지 않으면 아이는 혼란을 느끼고, 결국 말이 아닌 행동을 '진짜 기준'으로 삼습니다. 부모의 삶이 곧 아이의 방향을 결정짓는 나침반이 되는 것입니다.

부모의 하루하루, 말 한마디, 손끝의 움직임까지. 이 모든 것이 아이에게 가장 생생한 교육이 됩니다. 학교에서 지식을 배우지만, 삶을 대하는 태도와 가치관은 집 안에서 부모의 일상 속에서 만들어집니다. 그래서 부모의 모습은 책보다 강하고, 수업보다 오래 남는 진짜 교육입니다. 아이들은 '이게 옳은 일인가'보다 '지금 기분이 좋은가'에 먼저 반응합니다. 그래서 부모가 보여 주는 모범의 힘이 무엇보다 중요합니다. 부모가 약속을 지키고, 감정을 조절하며, 불편함 속에서도 바르게 행동하는 모습은 그 자체로 아이의 가치관을 형성합니다. 반대로, "바르게 살아야 해"라고 말하면서 감정적으로 행동하거나 편법을 쓰면, 그 말은 아무 힘을 갖지 못합니다. 아이는 부모의 말이 아니라 삶의 방식을 배웁니다. 작은 일에도 바른 선택을 실천하는 부모의 모습은 아이에게 "나도 저렇게 살아야겠다"는 마음을 심어 줍니다.

이러한 '삶으로 가르치는 교육'을 잘 보여 주는 인물이 바로 배우 최수종 씨입니다. 그는 방송뿐 아니라 가정에서도 절제된 말투와 존중의 태도로 자녀에게 본보기가 되어 왔습니다. 그의 모습은 단순히 '좋은 아버지'의 사례를 넘어, 진정한 교육은 말이 아니라 행동으로 보여 주는 것임을 일깨워 줍니다. 부모의 정직, 절제, 배려는 책으로는 가르칠 수 없는 무언의 교과서입니다. 이런 삶의 모습은 어떤 교육 이론보다 강력하고 오래 남는 메시지가 됩니다. 비슷하게, 미국의 16대 대통령 아브라함 링컨 역시 모범의 교육을 보여 준 인물입니다. 가난한 환경에서도 어머니가 물려준 성경책 한 권으로 '정의와 선'의 가치를 배웠고, 그것이 훗날 그를 위대한 지도자로 이끌었습니다. 결국, 부모의 모범은 시대와 국경을 넘어 아이의 인생을 바꾸는 가장 깊은 교육이 됩니다.

한 권의 책에서 배운 가치는 링컨의 인생 전체를 이끈 삶의 나침반이 되었습니다. 그는 그 배움을 머리로만 아는 지식이 아니라, 행동으로 실천하며 평생을 걸어갔습니다. 수많은 갈등과 비판 속에서도 자신이 옳다고 믿는 길을 포기하지 않았고, 결국 노예제 폐지라는 인류사적 결단을 이루어 냈습니다. 그의 선택은 한 시대의 정치적 사건을 넘어 지금까지도 사람들의 양심과 정의감에 영향을 주고 있습니다.

이 이야기는 단지 위인의 특별한 사례가 아닙니다. 우리의 일상 속에서도 같은 일이 일어나고 있습니다. 부모의 말 한마디, 하루의 태도, 작은 선택 하나가 아이에게 평생의 기준이 될 수 있습니다. 아이는 부모가 어떤 가치를 믿고 살아가는지를 보며, 세상을 바라보는 눈과 기준을 세웁니다. 링컨이 어머니에게서 '정의'를 배웠듯이, 오늘도 아이들은 부모의 삶 속에서 자신만의 도덕적 나침반을 만들어 가고 있습니다. 결국 아이에게 영향을 주는 것은, 거창한 교훈이 아니라 평범하지만, 일관된 부모의 '삶의 자세'입니다. 세상이 혼란스럽고 가치의 기준이 흔들릴수록, 부모의 신념과 태도가 아이에게 가장 확실한 길잡이가 됩니다. 아이는 말이 아닌 부모의 하루하루 속에서 '무엇이 옳은가'를 배웁니다.

아이에게 정직을 가르치고 싶으시다면, 부모가 먼저 정직한 태도로 살아가야 합니다. 아이에게 약속의 소중함을 말하고 싶으시다면, 부모가 스스로의 약속부터 지켜야 합니다. 아이에게 예의를 강조하고 싶으시다면, 부모가 먼저 예의 바른 언행으로 일관되어야 합니다.

아이의 삶을 바르게 이끌어 주고 싶으시다면, 그 시작은 '말'이 아니라

 공부보다 먼저, 부모가 가르쳐야 할 것

'삶'이어야 합니다. 아이에게 바른 길을 안내해 주고 싶은 부모라면, 스스로 그 길을 먼저 걸어가야 합니다. 바르게 사는 부모의 삶은 자녀에게 줄 수 있는 가장 위대한 유산이며, 세상을 살아갈 가장 단단한 힘이 됩니다.

"아이를 키운다고만 생각했는데, 어느 날 문득, 아이를 통해 내가 자라고 있다는 걸 깨달았습니다." 이 한 문장은 부모라면 누구나 공감할 수 있는 마음의 고백입니다. 우리는 아이를 가르치는 존재라고 생각하지만, 실제로는 아이를 통해 더 많이 배우고 성장합니다. 아이의 말 한마디, 눈빛 하나가 부모의 마음을 흔들고, 스스로를 돌아보게 하지요. 한 의사 아버지의 이야기도 그렇습니다. 그는 철저한 자기관리와 노력으로 성공을 이룬 사람이었습니다. 하지만 어느 날 초등학교 5학년 아들이 다가와 말했습니다. "아빠, 우리 얘기 좀 해요." 그 말 한마디에 그는 긴장했지만, 이 대화는 그의 인생을 바꾸는 계기가 되었습니다. 아이의 진심 어린 한 문장은 어떤 교육서보다 강력한 깨달음이 되어, 그가 지금까지 쌓아 온 삶의 의미를 새롭게 돌아보게 만들었습니다.

부모는 아이를 키우지만, 사실은 아이를 통해 더 깊이 배우는 존재입니다. 아이의 말은 부모의 마음을 자라게 하는 가장 진실한 거울이 됩니다. 그 말 앞에서 친구는 자신이 그동안 놓치고 있던 것이 무엇이었는지를 비로소 자각하게 되었다고 했습니다. 그 순간이 그에게는 인생의 또 다른 전환점이 되었고, 성공이란 무엇인지, 존경이란 어떻게 얻어지는지를 다시 정의하게 만드는 아주 조용한, 그러나 분명한 충격이었다고 했습니다. "아빠, 저는 아빠를 존경하지 않아요." 그 말은 짧았지만 단호했고, 아이의 눈빛은 흔들림 없이 진지했다고 합니다. 예상치 못한 말 앞에서 친구는 순간 숨을 멈추었고, 그 자리에 고요하게 내려앉은 침묵 속에서 아이는 차분하지만, 단단한 어조로 말을 이어 갔다고 했습니다. "아빠는 제가 말한 약속도 자주 잊어요. 그리고 교회에서도 맡은 일을 제시간에 하지 않을 때가 많고요. 운전할 때는 신호를 그냥 지나칠 때도 있고, 식당에서는 종업원에게 예의 없이 말할 때도 있어요."

잠시 멈췄던 아이는 더 조심스럽지만, 솔직한 마음을 담아 계속해서 이야기했습니다. "아빠가 공부 열심히 해서 의사가 된 건 정말 멋져요. 그건 제가 봐도 대단한 일이라고 생각해요. 그런데 사람 사이에서 지켜야 하는 약속, 가족과의 약속, 사회에서 정해진 질서나 기본적인 예의 같은 건… 아빠가 잘 지키지 않는 것 같아요." 친구는 그 순간, 아들의 말을 들으며 머릿속이 멍해졌다고 말했습니다. 그동안 자신이 얼마나 열심히 살아왔는지, 그 시간들이 얼마나 치열했고 고단했는지를 누구보다 잘 알고 있었지만, 정작 아이의 눈에는 그것들이 전부로 보이지 않았다는 사실에 당혹스러움을 느꼈다고 했습니다.

그날 친구는 처음으로 깨달았습니다. 자신이 자랑스럽게 여겼던 직업, 명예, 성취가 정작 아이에게는 중요하지 않았다는 사실을요. 아이의 기억 속에 남은 것은 아버지의 약속을 어긴 순간, 무심한 말 한마디, 작은 예의를 잃은 장면들이었습니다. 그 깨달음은 충격이었지만, 동시에 진심 어린 '성장의 초대'였습니다. 아들의 말은 비난이 아니라, "진짜 존경할 수 있는 아빠가 되어 달라"는 마음이었습니다. 친구는 그날 이후 다짐했습니다. "이제는 아이 앞에서 부끄럽지 않은 삶을 살겠다." 그는 비로소 깨달았습

니다. 아이의 눈이야말로 부모를 가장 정직하게 비추는 거울이라는 것을
요. 흥미롭게도 그 아이는 책을 좋아했습니다. 위인전 속 인물들에게서
'정직·약속·책임'의 가치를 배우고, 그 기준으로 아버지를 바라봤던 것입
니다. 아이가 실망했던 건 단지 행동의 차이가 아니라, 말과 삶이 다를 때
느껴지는 어른의 모순이었습니다.

　아이의 눈에는 책 속 인물과 현실의 아버지가 달라 보였습니다. 책 속
인물들은 약속을 지키고, 예의를 지키며, 맡은 일을 성실히 해내는 사람들
이었습니다. 하지만 현실의 아버지는 아이와의 약속을 잊거나, 공적인 자
리에서 맡은 일을 가볍게 넘기기도 했습니다. 식당에서 종업원에게 무심
하게 말하거나, 운전 중 신호를 무시하는 모습도 있었습니다. 이런 사소
한 행동들이 쌓이며 아이의 마음에는 '괴리감'이 생겼습니다. 그러나 아이
는 그 실망을 탓으로 돌리지 않았습니다. 오히려 진심을 담아 용기 있게
아버지에게 말했습니다. 그날, 친구는 아이의 말에서 세상 어떤 가르침보
다 값진 깨달음을 얻었습니다. 자녀가 부모에게 전하는 말은 때로는 아프
게 들릴 수 있지만, 그 속에는 사랑과 변화에 대한 진심 어린 바람이 담겨
있습니다. "아빠, 최고예요." 이 한마디를 듣기 위해 그는 달라졌습니다.
그날 이후, 친구는 아이의 눈을 의식하며 더 정직하게, 더 성실하게 살기
시작했습니다. 작은 약속 하나, 교회에서 맡은 일 하나도 소홀히 하지 않
았고, 운전할 때 신호를 지키며, 종업원에게 감사 인사를 잊지 않았습니
다. 그 변화는 거창한 것이 아니라, 매일의 일상 속에서 존경받을 수 있는
아버지의 모습을 되찾는 과정이었습니다.

　　　　　　　　공부보다 먼저, 부모가 가르쳐야 할 것

시간이 흘러 아이가 고등학생이 되었을 때, 어느 늦은 밤 아이는 조용히 아버지에게 다가와 말했습니다. "아빠, 진짜 최고예요. 그때 제가 한 말 진심으로 받아들여 주시고, 바꾸려고 노력하신 거… 절대 안 잊을 거예요." 그리고 말없이 엄지를 들어 올렸습니다. 그 순간, 친구는 말했습니다. "그 어떤 상보다 값졌어요. 진심으로 존경받는다는 게 이런 거구나." 이 이야기는 부모에게 큰 깨달음을 줍니다. 우리는 늘 아이를 가르친다고 생각하지만, 때로는 아이가 부모의 거울이 되어 삶의 본질을 다시 일깨워 줍니다. 아이의 솔직한 말 한마디가 부모의 태도를 바꾸고, 그 변화가 다시 아이의 마음을 성장시킵니다. 아이에게 "약속을 지켜야 한다"고 가르치고 싶다면, 먼저 부모가 약속을 지키는 모습을 보여 줘야 합니다. 말보다 행동으로, 지시보다 실천으로, 체면보다 진심으로 살아갈 때 아이는 부모의 삶을 통해 '신뢰'와 '도덕'을 배웁니다.

결국, 자녀 교육의 가장 깊은 순간은 가르침이 아니라 깨달음의 순간입니다. 그날, 부모는 더 성숙한 어른이 되고, 아이는 더 따뜻한 눈으로 세상을 바라보게 됩니다.

아이들은 결코 우연히 태어난 존재가 아닙니다. 저마다 이 세상에 온 이유가 있고, 자신만의 사명을 가지고 있습니다. 성적이나 입시만을 위해 존재하는 것이 아니라, 더 크고 깊은 뜻을 품은 하나의 선물, 하나의 빛으로 이 땅에 온 존재들입니다. '우주적인 목적'이라는 말은 거창하게 들릴지 모르지만, 그 의미는 단순합니다. 그것은 바로 "나 하나의 성공을 넘어, 세상에 어떤 선한 영향을 남길 것인가"라는 질문입니다. 즉, 나의 재능과 노력을 통해 다른 사람의 삶을 더 나은 방향으로 이끌 수 있는 마음을 뜻합니다. 우리 아이가 가진 재능은 성적표 위의 숫자가 아니라, 그 아이의 손끝과 말, 작은 행동 속에서 세상을 따뜻하게 바꾸는 힘으로 자랍니다. 부모의 역할은 그 가능성을 억누르는 것이 아니라, 그 빛이 세상에 닿을 수 있도록 길을 열어 주는 것입니다.

예술로 마음을 위로하고, 과학으로 문제를 해결하며, 환경을 지키고 인권과 평등의 가치를 배우는 모든 과정은 '우주적인 삶'의 일부가 될 수 있습니다. 중요한 것은 그 재능이 어떤 방향으로 쓰이느냐입니다. 자신의 작은 능력을 세상에 도움이 되도록 사용하는 순간, 아이는 이미 이 시대의 리더로 성장하고 있습니다. 이름을 알리는 것보다 더 위대한 일은 누군가의 삶을 밝히는 것, 그것이 진정한 리더십의 출발점입니다. '우주적인 목적'을 품고 사는 사람은 자신만의 성공을 넘어, 세상을 이롭게 하는 길을 걷습니다. 그런 삶의 흔적은 개인을 넘어 역사에 남습니다. 예를 들어,

반기문 전 유엔 사무총장은 "나는 한국인이지만, 인류 전체를 위해 살아야 한다"는 철학으로 기후, 평화, 인권, 지속 가능한 발전을 위해 헌신했습니다. 또 김용 전 세계은행 총재는 "경제는 사람을 살리는 도구여야 한다"는 신념으로, 의료와 교육을 개선하며 수많은 생명을 구했습니다. 이 두 사람의 삶은 모두 자신의 능력을 세상을 위해 쓴 우주적 리더의 모습을 보여 줍니다.

강경화 전 외교부 장관은 인류를 위한 삶을 일상 속에서 실천해 온 대표적인 인물입니다. 유엔 인권 기구에서 여성과 아동, 난민을 위한 정책을 설계하며 약자의 목소리를 대변해 왔고, 그의 소신 있는 외교와 따뜻한 감수성은 한 개인의 행동이 전 세계 인권 향상에 어떻게 기여할 수 있는지를 보여 줍니다. 이태석 신부는 사랑을 말이 아닌 행동으로 보여 준 사람이었습니다. 의사이자 신부로서 아프리카 수단에서 가난하고 병든 이웃들을 돌보며 헌신적으로 살았던 그는, 지금도 그 땅의 사람들 마음속에 '우리 마을에 온 예수님'으로 기억되고 있습니다. 그의 삶은 한 사람의 존재가 얼마나 큰 울림을 남길 수 있는가를 증명했습니다.

이소연 박사는 한국 최초의 우주인으로서 우주에서 지구를 바라보며 이렇게 말했습니다. "우주에서 지구를 바라보며 인류 전체를 생각했다." 그녀의 말은 과학을 넘어, 인간이 얼마나 겸손한 마음으로 세상을 바라봐야 하는지를 일깨워 줍니다. 아이들에게 "우주의 눈으로 세상을 보는 법"을 가르쳐 주는 메시지이기도 합니다.

진정한 리더는 많은 지식을 가진 사람이 아니라, 그 지식을 어떻게, 누구를 위해 사용하는가를 아는 사람입니다. 아이에게 "세상은 너에게 어떤 일을 맡기기 위해 너를 보냈을까?"라는 질문을 던져 보세요. 그 질문은 단순한 진로가 아니라, "나는 왜 태어났을까? 나는 누구를 위해 살아야 할까?"라는 삶의 본질을 탐구하게 하는 출발점이 됩니다. 지금 우리 아이에게 필요한 것은 단순한 공부가 아니라 세상을 바라보는 넓은 시야와 깊은 마음의 힘입니다. 책, 뉴스, 다큐멘터리, 여행, 다양한 사람들과의 만남을 통해 아이가 세상의 문제와 아픔을 느끼게 해 주세요. 그리고 "무엇이 좋았어?", "무엇이 속상했어?" 같은 질문으로 아이가 자신의 감정과 생각을 스스로 이해하도록 도와주세요.

또한 아이에게 롤 모델을 보여 주는 일도 중요합니다. 유발 하라리, 마더 테레사, 일론 머스크, 그레타 툰베리처럼 세상을 바꾸는 인물들의 이야기를 들려주며 "너도 세상에 변화를 줄 수 있는 사람이야"라는 믿음을 심어 주세요. 암기식 공부보다 프로젝트, 토론, 코딩, 협업 등 문제를 해결하며 배우는 경험이 아이의 창의력과 실행력을 키우는 진짜 배움이 됩니다. 그리고 아이가 자신의 생각을 세상에 표현할 수 있는 힘을 기르도록 이끌어 주세요. 글쓰기, 발표, 독서 활동을 통해 스스로의 목소리를 내는 법을 배워야 합니다. 그것이 지식을 '살아 있는 힘'으로 바꾸는 교육입니다. 무엇보다 부모의 언어는 아이의 인생을 비추는 빛입니다. "너는 우연히 태어난 아이가 아니야.", "세상은 너를 꼭 필요로 했단다.", "넌 세상을 밝히기 위해 보내진 선물이야." 이 따뜻한 말 한마디가 아이의 자존감을 단단히 세우고, 자신의 삶에 의미를 찾는 힘이 되어 줍니다.

  공부보다 먼저, 부모가 가르쳐야 할 것

우리는 아이를 위해 최고의 학교, 최고의 선생님, 최고의 환경을 주고 싶어 합니다. 그러나 그보다 훨씬 더 중요한 것은 아이가 '나는 왜 이 세상에 태어났는가'를 스스로 깨닫는 것, 그리고 그 목적을 향해 자신 있게 나아갈 수 있는 용기를 갖는 것입니다. 우리 아이는 이 세상에 꼭 필요한 존재입니다. 그 존재가 세상 속에서 자신의 빛을 맘껏 발할 수 있도록, 부모는 오늘도 아이의 우주적인 목적을 따뜻하게 응원해야 합니다.

57장 무에서 유를 창조하는 가족

"우리 가족은 가진 것이 없지만, 우리 아이는 무엇이든 가질 수 있다."

이 말은 단순한 위로가 아니라, 부모가 아이에게 줄 수 있는 가장 큰 선물. 믿음의 선언입니다. 이 믿음이 아이 마음속에 "나는 할 수 있는 존재야"라는 뿌리를 심어 주고, 스스로 도전할 용기를 만들어 줍니다. 요즘 "개천에서 용 나는 시대는 지났다"는 말이 자주 들리지만, 그것은 아이의 가능성을 가두는 보이지 않는 벽이 될 뿐입니다. 환경이 인생을 결정하지 않습니다. 지방의 작은 학교에서도, 평범한 가정에서도 믿음과 열정으로 스스로의 길을 개척한 아이들은 여전히 존재합니다. 그들은 처음부터 특별하지 않았습니다. 다만 "나는 해낼 수 있다"는 단단한 결심 하나를 품었을 뿐입니다. 그래서 부모는 어떤 상황에서도 아이의 가능성을 환경으로 제한해서는 안 됩니다. "넌 안 돼"라는 말은 아이의 꿈을 꺾지만, "넌 할 수 있어", "너의 꿈은 환경보다 커"라는 말은 아이의 인생을 바꾸는 날개가 됩니다. 부모의 믿음은 아이의 성공보다 더 깊은 힘. 자기 자신을 믿는 힘을 길러 주는 출발점입니다.

실제로 '믿음의 힘'이 한 아이의 인생을 바꾼 이야기가 있습니다. 제 친구는 깊은 산골의 작은 분교에서 자랐습니다. 책 한 권을 사기도 어려운 형편이었지만, 마음속엔 한 가지 꿈이 또렷했습니다. "나는 공부해서 공무원이 될 거야." 그 단순한 꿈이 그의 인생을 이끄는 나침반이 되었고, 가진 것은 없었지만 믿음 하나로 공부를 멈추지 않았습니다. 결국 그는 성균관대 법대를 졸업하고, 수차례 낙방 끝에 행정고시에 합격했습니다. 지금은 고위 공직자로 일하며 이렇게 말합니다. "우리 집은 가진 게 없었지만, 부모님은 저를 이상할 만큼 믿어 주셨어요. 그게 제 인생을 바꾼 힘이었어요."

이 이야기는 우리에게 중요한 사실을 일깨워 줍니다. 아이의 가능성은 부모의 믿음에서 자란다는 것입니다. 아이들은 어른과 달리, 아직 정해지지 않은 백지 같은 존재입니다. 따라서 그 마음속에는 무한한 창조성과 성장의 씨앗이 숨겨져 있습니다. 세상에 없는 꿈을 그릴 수 있고, 아무도 가지 않은 길을 스스로 만들어 갈 수 있는 힘이 그 안에 있습니다. 이 가능성은 거창한 일이 아니라, 작은 계기 하나에서 시작됩니다. 손에 쥔 한 권의 책, 마음을 울린 한 명의 선생님, 혹은 부모의 따뜻한 한마디. 그 작은 경험이 아이 마음의 불씨가 되어, 몰입과 집중, 그리고 성장을 이끌어 냅니다. 결국 부모가 아이를 진심으로 믿어 줄 때, 그 믿음이 아이 안의 잠든 열정을 깨우고, 스스로 인생을 만들어 가는 힘으로 자라납니다.

가정은 단순히 밥을 먹고 잠을 자는 생활의 공간이 아니라, 마음이 쉬고 다시 일어설 수 있는 삶의 근거지입니다. 아이에게 세상을 향한 첫걸음을 내딛게 하는 힘, 자신이 어떤 존재인지 깨닫게 하는 공간이 바로 가정입니다. 이곳에서 부모의 말 한마디, 표정 하나, 눈빛 하나가 아이의 마음에 씨앗처럼 심어져 자존감과 가능성의 뿌리가 됩니다. 작은 일상 속에서 아이는 자신을 바라보는 법을 배우고, "나는 할 수 있다"는 믿음을 쌓아갑니다. 이때 부모의 말은 아이의 인생을 만드는 가장 강력한 도구가 됩니다. "우리 집은 작아도, 너의 꿈은 아주 클 수 있어.", "지금 가진 게 적어도, 너는 무엇이든 할 수 있는 사람이야.", "우리는 무에서 유를 만들어 가는 가족이야." 이런 말들은 단순한 위로나 격려가 아니라, 아이의 뇌와 마음에 깊이 새겨지는 믿음의 언어입니다. 이 말들이 쌓여 아이는 스스로를 믿고, 세상 앞에서 쉽게 무너지지 않는 힘을 갖게 됩니다.

세상에 나가 어려움을 겪더라도, 부모의 믿음이 담긴 한마디는 아이를 다시 일으켜 세우는 따뜻한 동력이 됩니다. "나는 할 수 있다.", "나는 가치 있는 존재다." 이 마음의 중심은 바로 가정이라는 토양 위에서, 부모의 말과 사랑을 통해 자라납니다. 비록 지금 가진 것이 부족하고, 다른 집과 비교했을 때 환경이 열악하다고 느껴질 수 있습니다. 하지만 그것은 현재의 풍경일 뿐, 아이의 인생 전체를 결정짓는 그림은 아닙니다. 아이의 미래는 환경이 아니라, 부모가 어떤 믿음과 언어로 아이를 키우느냐에 따라 달라집니다. 오늘의 사랑과 믿음이 아이의 내일을 바꾸는 진짜 힘이 됩니다.

부모가 아이에게 전하는 단 한 줄의 믿음, 마음을 담은 따뜻한 말 한마디는 그 어떤 교육보다 강한 힘을 가집니다. 그 말은 아이의 마음속에 씨

  공부보다 먼저, 부모가 가르쳐야 할 것

앗처럼 뿌리내려, 스스로를 믿는 힘을 키우고, 인생의 수많은 선택 앞에서 방향을 잡는 기준이 됩니다. "너는 할 수 있어.", "넌 꼭 해낼 거야.", "언제든 다시 시작할 수 있어." 이 진심 어린 말들이야말로 아이의 평생을 지탱하는 버팀목이 됩니다. 넘어졌을 때 다시 일어나게 하고, 외로움 속에서도 끝까지 걸어가게 하는 힘. 그것이 바로 부모의 믿음이 만들어 내는 기적입니다. 세상이 아무리 차갑고 경쟁이 치열해도, 가정 안에서 들려온 긍정의 언어와 따뜻한 격려는 결코 사라지지 않습니다.

그 믿음은 환경을 뛰어넘어 아이의 자존감을 세우고, "나는 소중한 존재야"라는 확신을 심어 줍니다. 결국 부모의 믿음은 아이가 스스로의 길을 설계할 때 가장 처음 떠올리는 나침반이 됩니다. 오늘, 아이의 가능성을 의심하지 말고 미래의 한계를 그어 두지 마세요. 당신의 말 한마디가 아이의 내일을 바꾸는 기적의 시작이 될 수 있습니다.

　우리는 어떤 특별한 날, 중요한 일이 시작되는 순간을 '디데이'라고 부릅니다. '디데이(D-Day)'는 단순히 일정이 아니라 새로운 시작을 향한 결심의 날입니다. 아이의 입학, 발표, 대회처럼 인생의 전환점이 되는 날을 우리는 디데이라 부릅니다. 그날을 앞둔 사람들은 마음을 다잡고, 자신에게 약속합니다. "오늘이 바로 시작이다." 이 말에는 용기, 각오, 그리고 희망의 첫걸음이 담겨 있습니다.

　1944년 6월 6일, 제2차 세계대전의 노르망디 상륙작전이 성공한 날을 사람들은 '디데이(D-Day)'라 불렀습니다. 그날 연합군은 거대한 희생을 감수하며 전쟁의 흐름을 바꾸었고, 디데이는 단순한 작전일이 아니라 인류의 희망이 다시 시작된 날로 기록되었습니다. 하지만 진짜 기억해야 할 날은 그로부터 1년 후, 1945년 5월 8일 '브이데이(V-Day, Victory Day)', 즉 전쟁이 끝나고 세상이 평화를 되찾은 날입니다. 디데이가 출발의 상징이라면, 브이데이는 끝까지 포기하지 않은 사람만이 맞이할 수 있는 결실의 상징입니다.

　아이의 인생에도 이런 디데이와 브이데이가 존재합니다. 새 학년이 시작되는 날, 첫 시험을 치르는 날, 새로운 도전을 결심하는 그 순간이 바로 아이에게 디데이입니다. 겉보기엔 평범하지만, 아이의 마음속에서는 설렘과 긴장이 교차하는 용기의 첫걸음이 됩니다. 그러나 진짜 빛나는 날은

　　　　　　　　　　　　　　공부보다 먼저, 부모가 가르쳐야 할 것

그 수많은 디데이를 지나, 스스로의 힘으로 끝까지 해낸 날, 바로 브이데이(Victory Day)입니다. 합격 소식을 듣거나, 대회에서 수상하거나, 혹은 혼자 힘으로 하나의 결과물을 완성했을 때의 감동이 그렇습니다. 그 기쁨은 단순히 '결과' 때문이 아니라, 포기하지 않고 걸어온 시간, 눈물과 불안을 견뎌 낸 자신에 대한 자부심에서 비롯됩니다.

부모가 아이에게 가르쳐야 할 것은 시작의 열정보다 끝까지 완주하는 힘, 즉 브이데이의 정신입니다. 그 인내의 힘이야말로 아이가 앞으로 마주할 모든 도전 속에서 진짜 승리를 만들어 냅니다. 아이의 디데이(D-Day)는 '시작의 다짐'이고, 브이데이(V-Day)는 '끝까지 걸어 낸 결실'입니다. 부모로서 우리가 기억해야 할 것은, 아이의 디데이를 응원하는 것도 중요하지만 그 여정을 믿고 끝까지 기다려 주는 인내입니다. 아이의 진짜 성장은 결과가 아니라, 그 과정을 묵묵히 걸어 낸 마음속에 자리합니다. 아이의 인생에는 수많은 디데이가 있습니다. 공부를 처음 시작한 날, 실수를 반복하던 날, 포기하고 싶었던 날, 울음을 삼키던 날. 그 모든 날들이 쌓여 하나의 브이데이, 즉 성장의 결실로 이어집니다.

때로는 넘어지고, 길을 잃고, 혼자 버텨야 하는 시간도 있습니다. 그럴 때 아이가 다시 일어설 수 있도록 부모는 동반자이자 지지자로 곁을 지켜야 합니다. "힘들면 잠깐 쉬어도 괜찮아.", "아직은 보이지 않지만, 너라면 분명 도착할 수 있어." 이런 한마디가 아이에게는 세상에서 가장 큰 위로이자 용기가 됩니다. 부모의 조용한 믿음과 진심 어린 격려는 어떤 조언보다도 깊이 아이의 마음을 지탱해 줍니다. 아이들은 그 믿음을 통해 "나는 혼자가 아니야. 나를 믿어 주는 사람이 있어."라는 확신을 얻고, 다시 한 걸음을 내딛습니다.

요즘 우리는 '빠른 출발'에 익숙해져 있습니다. 누구보다 먼저 시작하고, 빠르게 결과를 내는 사람을 성공한 사람으로 평가하는 사회 속에서 부모는 조급해지고, 아이들은 불안해집니다. 이제는 초등학교 입학 전부터 선행학습을 하고, 중학생이 되기도 전에 진로와 스펙을 준비하는 것이 당연한 세상이 되어 버렸습니다. 하지만 세상이 진정으로 기억하는 사람은 빨리 출발한 이가 아니라, 끝까지 걸어간 사람입니다. 넘어져도 다시 일어나며 자기 속도로 끝을 본 사람, 그 꾸준함과 인내가 진짜 승리의 열쇠가 됩니다. 시작의 속도보다 중요한 것은 끝까지 포기하지 않는 '지속의 힘'입니다.

아이들의 인생에도 수많은 디데이(D-Day)가 있습니다. 시험을 보는 날, 발표회에 서는 날, 처음 꿈을 고민한 날. 이 모든 순간이 아이에게는 새로운 출발점입니다. 그 과정에서 아이는 두려움을 배우고, 실패를 겪으며, 다시 일어서는 법을 익힙니다. 그리고 그 모든 시간이 모여, 아이의 브이데이(V-Day, Victory Day), 즉 진짜 성장의 순간으로 이어집니다. 아이의 브이데이는 멀리 있는 것이 아닙니다. 오늘 포기하지 않고 붙든 작은 목표, 실패 후에도 다시 일어서려는 그 마음이 바로 브이데이를 향한 여정입니다. 부모가 해야 할 일은 아이를 재촉하는 것이 아니라, 그 길을 함께 걸으며 묵묵히 믿고 지지해 주는 것입니다. 아이의 속도를 존중하고, 완주할 수 있도록 곁에서 응원할 때 그 믿음이 아이의 인내를 키우고, 결

 공부보다 먼저, 부모가 가르쳐야 할 것

국 승리로 이끌어 줍니다.

　언젠가 아이가 자신만의 브이데이에 도착하는 그날, 우리는 알게 될 것입니다. 빠른 출발보다 더 중요한 것이 무엇이었는지를요. 그러니 지금은 조급해하지 않아도 괜찮습니다. 아이가 천천히라도 자신의 걸음을 내딛고 있다면, 그 자체로 이미 충분히 잘하고 있는 것입니다. 언젠가 아이가 도착할 그 찬란한 날을 함께 기다리며, 오늘은 그저 아이 곁에 있어 주는 것, 그것이 부모가 해 줄 수 있는 가장 큰 사랑일지도 모릅니다.

Ⅰ. 언어와 사고의 첫걸음

59장 영어의 필요성을 느낀 순간

1980년대 후반, 인터넷도 통역 앱도 없던 시절이었습니다. 저는 처음으로 회사에서 멕시코 출장을 명받았습니다. 그때만 해도 멕시코는 멀고 낯선 나라였고, 뉴스에서는 파업과 폭동, 부정부패 같은 단어가 자주 들려왔습니다. 그래서 이번 출장은 단순한 업무가 아니라 두려움과 기대가 뒤섞인 인생의 도전이었습니다. 비행기 표를 손에 쥐며 설렘을 느꼈지만, LA 공항에 도착하는 순간 그 설렘은 당황으로 바뀌었습니다. 모든 안내문이 영어였고, 사람들의 대화는 알아들을 수 없었습니다.

그때 처음 깨달았습니다. "언어를 모른다는 건, 세상과 단절된다는 뜻이구나." 그 거대한 공항 속에서 저는 말 한마디 하지 못한 채, 투명 인간처럼 서 있었습니다. 비싼 영어 테이프를 들으며 연습했고, 발음에도 자신이 있었지만, 현실은 전혀 달랐습니다. 길을 묻는 말이 입에서 나오지 않았고, 겨우 말을 걸어도 제 발음은 통하지 않았습니다. 상대의 대답은 너무 빨라 한마디도 알아들을 수 없었죠. 머릿속에서는 문장이 떠올랐지만, 입술은 굳어 있었습니다. 그 순간 느꼈습니다. 진짜 배움이란 책이 아니라 경험 속에서 시작된다는 것을요.

공부보다 먼저, 부모가 가르쳐야 할 것

그날 저는 처음으로 깨달았습니다. 언어는 단순한 기술이 아니라 '살아 있는 문화'라는 것을요. 문법과 단어를 외운다고 끝나는 것이 아니라, 그 나라 사람들의 공기, 뉘앙스, 감정의 결이 함께 녹아 있어야 진짜 소통이 가능하다는 사실을 그제야 알게 되었습니다. 출장을 준비하며 나름대로 자신이 있었습니다. 비싼 영어 테이프를 사서 하루 종일 듣고, 외국인의 발음을 따라 하며 녹음기 앞에서 문장을 반복했습니다. '이 정도면 충분히 대화할 수 있겠지.' 그건 막연한 자신감이 아니라, 노력에 대한 믿음이었 습니다.

그러나 LA 공항에 도착하자 모든 것이 낯설었습니다. 표지판의 문장 은 배운 단어들로 이루어져 있었지만, 실제 문맥 속에서는 하나도 와닿 지 않았습니다. 비행기를 갈아타야 하는데 어디로 가야 할지 몰라 사람들 에게 물어보려 했습니다. "Excuse me. (실례합니다.)" 하지만 돌아온 건 "Sorry?(네?)"라는 짧은 대답뿐이었습니다. 그 순간, 머리가 하얘졌습니 다. 내가 배운 영어는 현실에서는 통하지 않는구나. 문법은 알아도 입이 떨어지지 않았고, 아는 단어가 들려도 뜻을 이해할 수 없었습니다. 그때 느꼈습니다. 언어는 교재 속 문장이 아니라, 사람 속에서 살아 숨 쉬는 소 리라는 것을요.

그때 문득 떠올랐던 말이 있습니다. "호랑이에게 잡혀가도 정신만 차리 면 산다." 그 문장이 제게 용기를 주었습니다. '지금 낯설고 두렵지만, 포 기하지 말자. 서툴러도 괜찮다. 중요한 건 시도하는 용기다.' 그렇게 마음 을 다잡자, 혼란 속에서도 조금씩 여유가 생기기 시작했습니다. 저는 주변을 천천히 둘러보며 생각했습니다. '누구에게 말을 걸면 좋을까? 내 말을 들어 줄 사람은 누구일까?' 그때, 한 흑인 남성이 여유로운 걸음으로 제 쪽으로 다가오고 있었습니다. 그의 표정에는 이상하리만큼 따뜻한 신뢰감이 느껴졌습니다. 저는 마음속으로 '그래, 바로 저 사람이야'라고 생각했고, 용기를 내어 그에게 다가가 단 두 마디를 건넸습니다. "Help me. (도와주세요.)" 그 말은 교과서에서 배운 문장도, 미리 준비한 표현도 아니었습니다. 머릿속이 하얘진 채, 본능적으로 흘러나온 간절한 외침이었습니다. 문법보다 앞선 것은 진심이었습니다. 저는 그에게 10달러 지폐 한 장을 건넸습니다.

감사의 표시인지, 부탁의 신호인지, 저 자신도 알 수 없었지만, 그 순간에는 그것이 가장 솔직한 도움의 표현이었습니다. 그는 미소를 지었습니다. 비웃음도, 의심도 없이 진심 어린 미소였습니다. 그리고 제 이야기를 들어 주었습니다. 저는 떨리는 목소리로, 서툰 영어로, 손짓을 곁들여 제 상황을 설명했습니다. 문장은 매끄럽지 않았고 발음은 서툴렀지만, 포기하지 않았습니다. 그는 제 눈빛을 읽고 고개를 끄덕이며, 천천히 제 말을 이해하려 애썼습니다. 그 짧은 시간 동안 저는 깨달았습니다. 진심은 언어보다 먼저 통한다는 것, 그리고 용기를 내는 순간부터 소통이 시작된다는 것을요. 그는 고개를 끄덕이며 대답했지만, 그의 말은 제 귀에 너무나 빠르게, 너무나 이국적인 억양으로 흘러 들어왔습니다. 단어가 분명히 들리긴 했지만, 그 흐름을 따라가는 건 또 다른 일이었습니다. 마치 눈앞에서 물줄기가 흐르듯 그의 말은 흘러갔고, 저는 그 안에서 의미를 붙잡으려 애썼지만 대부분 놓치고 말았습니다.

　공부보다 먼저, 부모가 가르쳐야 할 것

그래서 결국, 저는 마지막 남은 용기를 끌어모아 다시 말했습니다. "Please…
slowly. One word at a time. (천천히 해주세요. 한 단어씩.)" 그 짧은 문장
이 입 밖으로 나오기까지, 제 안에는 수많은 감정이 오갔습니다. 자존심
도 있었고, 좌절감도 있었고, 무엇보다 '지금이라도 포기하고 그냥 되돌아
가고 싶다'는 마음도 있었습니다. 하지만 돌아설 수는 없었고, 그럼에도
누군가에게 또다시 의지할 수밖에 없는 순간이었습니다. 그래서 저는 정
중하게, 그러나 간절하게 부탁했습니다. "부디 천천히, 단어 하나씩만 말
해 달라"고. 제 눈빛 속에 담긴 진심이 그에게 전해졌던 걸까요. 그는 더
이상 빠르게 말하지 않았습니다. 오히려 손짓과 표정을 더 곁들이며, 제
눈높이에 맞추어 설명을 시작했습니다.

그는 저를 이끌고, 공항 복도와 복잡한 탑승장 사이를 지나, 멕시코행
비행기 탑승 게이트가 있는 곳까지 천천히 안내해 주었습니다. 중간중간
저를 향해 고개를 돌려 괜찮은지 확인했고, 이해하지 못하는 눈빛을 읽을
때마다 다시 설명해 주었습니다. 말보다는 몸으로, 단어보다는 눈빛으로,
그 짧은 동행은 하나의 언어 수업이자 인간적인 교류의 장이었습니다. 그
순간을 돌이켜보면, 그것은 단순한 공항 안내를 넘어 제게 '진짜 영어 수
업'이었던 것 같습니다. 교실에서는 배울 수 없는 표현, 책에서는 나오지
않는 억양, 시험에서는 평가되지 않는 속도와 리듬, 그리고 무엇보다 말
너머에 담긴 인간적인 의사소통의 본질을 배우는 시간이었습니다. 제게
그 짧은 도움은 언어 그 자체에 대한 인식을 완전히 바꾸어놓았고, 언어
란 결국 상대를 향한 마음과 용기에서 출발한다는 단순한 진리를 온몸으
로 체득하는 계기가 되었습니다.

그렇게 어렵사리 도착한 멕시코시티 공항에서는 또 다른 일이 기다리고 있었습니다. 통관을 기다리며 준비해 간 한국 식료품 가방을 꺼냈는데, 그것은 무역협회와 대사관 직원들에게 드릴 중요한 선물이었습니다. 그러나 현지 공항 직원들은 이유 없이 가방을 열어 보기를 요구했고, 이는 점차 '뇌물'을 요구하는 분위기로 바뀌어 갔습니다. 저는 당황한 채 영어로 항의하려 했지만, 그들의 억양이 강한 스페인식 영어는 제게 이해하기가 어려웠고, 제 말 역시 그들에게 제대로 전달되지 않았습니다. 결국 저는 그 가방을 잃고 말았습니다. 그 순간, 마음속 깊은 곳에서 절실하게 다가온 깨달음이 있었습니다. '아, 내가 한국에서 배운 영어는 시험을 위한 것이었고, 지금 이곳에서 필요한 것은 살아 있는 진짜 영어였구나.'

출장 기간 동안, 저는 멕시코 현지 클라이언트를 만나고, 식사를 하고, 업무를 논의하며 하루하루를 보냈지만, 제 머릿속에는 줄곧 같은 문장이 맴돌고 있었습니다. '이대로는 안 된다. 다음에는 정말 영어를 제대로 배우고 와야 한다.' 그것은 단지 언어의 문제가 아니었습니다. '말이 통하지 않는다는 건, 내 생각을 전할 수 없다는 것'이고, 결국 세상과 단절된다는 뜻'이라는 사실을 그제야 뼈저리게 깨달았습니다. 한국으로 돌아오는 비행기 안에서 저는 오랫동안 창밖을 바라보았습니다. 그리고 다시 한번 다짐했습니다. 이제부터는 단순히 시험을 위한 영어가 아니라, 진짜 삶을 위한 영어, 현장에서 살아 숨 쉬는 영어, 사람과 마음을 이어 주는 언어로서의 영어를 배우겠노라고. 그 여행은 단지 멕시코를 다녀온 일이 아니었습니다. 그것은 제 인생에서 언어에 대한 생각을, 더 나아가 교육에 대한 방향을 완전히 바꾸어 놓은 결정적인 계기였습니다.

60장 아이 마음속 영어의 '끌림'은 어디서 올까?

21년 전, 뜨거운 여름날 가족은 '진짜 미국'을 경험하겠다는 마음으로 여행길에 올랐습니다. 단순한 휴식이 아니라, 아이들에게 더 넓은 세상을 보여 주고 배우게 하려는 배움의 여행이었습니다. 13시간의 긴 비행 동안 아이들은 창밖의 구름을 바라보며, 낯선 냄새와 소리, 음식 이름 하나하나에도 호기심을 보였습니다. 그들의 눈에는 책에서 보던 미국이 아닌, 직접 느끼고 체험하는 새로운 세상이 펼쳐지고 있었습니다. 미국 땅에 도착하자, 공항을 채운 영어 방송과 다양한 인종의 사람들, 서로 다른 피부색과 언어가 어우러진 풍경이 아이들의 눈길을 사로잡았습니다. 그 낯선 환경 속에서도 아이들은 주저하지 않고 세상을 스스로 이해하려 애썼습니다. 그 모습을 지켜보며 부모로서 느낀 건, 여행은 단순한 이동이 아니라 아이의 마음을 성장시키는 배움의 출발점이라는 사실이었습니다.

미국에 도착한 첫날, 아이들의 눈빛은 유난히 반짝였습니다. 큰아이는 낯선 풍경을 호기심 가득한 눈으로 살펴보았고, 어린 동생은 그런 오빠를 졸졸 따라다니며 세상이 새롭게 열리는 듯한 얼굴로 주위를 둘러보았습니다. 그 모습은 부모로서 참으로 사랑스럽고, 오래도록 마음에 남는 장면이었습니다. 그 순간 저는 생각했습니다. "이 낯선 땅에서 아이들에게 어떤 경험을 선물해 줄 수 있을까?" 단순히 관광지를 도는 여행이 아니라, 아이들이 직접 보고 느끼며 배우는 배움의 여정이 되기를 바랐습니다.

우리가 마주한 미국의 풍경은 영화 속 장면처럼 펼쳐졌습니다. 하늘과 맞닿은 고속도로, 알록달록한 우체통이 늘어선 주택가, 잔디가 깔린 앞마당. 모든 것이 새롭고 질서정연했습니다. 하지만 아이들에게 가장 큰 충격은 모든 사람들이 영어로 말하고 있다는 사실이었습니다. 공항, 거리, 가게, 식당, TV, 라디오까지. 들리는 모든 소리가 영어였습니다. 그제야 아이들은 깨달았습니다. "세상은 내가 아는 언어와 문화만으로 이루어져 있지 않구나." 그날 이후 아이들의 눈빛은 한층 깊어졌습니다. 세상은 책 속에서만 배우는 것이 아니라, 낯선 곳에서 직접 부딪히며 배우는 경험 속에서도 자란다는 것을 여행이 알려 주고 있었기 때문입니다. 큰아이는 미국 사람들의 입 모양을 따라 하며 새로운 언어의 소리를 익히려 했고, 어린 동생은 그 모습을 조용히 지켜보았습니다. 말은 없었지만, 두 아이는 각자의 방식으로 낯선 세계와 소통하려는 시도를 하고 있었습니다. 그들의 눈빛에는 호기심과 함께 "왜 우리는 저 말을 알아듣지 못할까?", "우리도 저 사람들처럼 말할 수 있을까?"라는 배움의 첫 질문이 담겨 있었습니다.

그때 아이들은 아직 영어를 본격적으로 배우기 전이었지만, 그날의 경험을 통해 영어가 단순한 교과서 속 언어가 아니라 세상으로 나아가는 문임을 깨닫게 되었습니다. 햄버거를 사 먹는 일보다, 스스로 영어로 주문해 보는 경험이 아이들에게는 더 큰 성취였습니다. 그건 단순한 행동이 아니라 "나도 할 수 있다"는 자신감의 시작이었습니다. 그 여름 여행 이후, 영어는 가족에게 '공부 과목'이 아니라 삶 속에서 배우는 살아 있는 언어가 되었습니다. 아이들은 자발적으로 영어를 배우기 시작했고, 부모도 함

        공부보다 먼저, 부모가 가르쳐야 할 것

게 읽고 말하며 생활 속 배움의 환경을 만들었습니다. 서툰 발음으로 주문을 연습하고, 영어 자막 영화를 보며 함께 웃던 시간들은 어색했지만, 가족이 함께 성장하는 따뜻한 배움의 여정이었습니다.

그렇게 영어는 시험 과목이 아니라, 세상을 이해하는 또 하나의 언어이자 삶의 일부가 되었습니다. 아이들은 영어를 배우며 단지 문장을 익히는 것이 아니라, 자신의 가능성을 넓히는 경험을 하고 있었던 것입니다. 돌이켜보면, 그 무더운 여름의 미국 여행은 단순한 가족 여행이 아니었습니다. 그것은 아이들의 인생을 바꾼 교육의 전환점이었습니다. 책이나 교실에서 배운 것이 아닌, 실제 세상 속에서 느낀 '살아 있는 경험'이 아이들의 내면에 강렬한 인상을 남겼습니다. 그리고 그때 심어진 호기심은 지금도 아이들의 마음속에서 방향을 잃지 않고, 세상을 향한 열린 시선으로 이어지고 있습니다. 21년이 지난 지금도, 그 여정은 여전히 현재진행형입니다. 그때의 작은 경험이 아이의 배움이 되고, 배움이 삶으로 이어지며, 부모로서의 교육관 역시 함께 자라났습니다.

미국 가족 여행을 마치고 돌아오는 비행기 안, 창밖으로 펼쳐진 구름을 보며 저는 생각에 잠겼습니다. 이번 여행은 단순한 관광이 아니라, 아이들에게 세상의 넓이를 보여 주기 위한 여정이었습니다. 하지만 돌아보니, 오히려 그 여행은 부모인 제게 더 큰 질문을 던진 시간이었습니다. 특히 인상 깊었던 것은 유대인 가정의 교육 방식이었습니다. 그들은 아이에게 단순히 지식을 가르치지 않았습니다. 대신 사고력, 정체성, 습관을 기르고, 하루가 아닌 한 사람의 인생 전체를 바라보는 교육을 하고 있었습니다. 즉, '지금의 성과'보다 '평생의 방향'을 중요하게 여겼습니다.

비행기 옆자리의 아내는 13년째 아이들을 가르치는 교사였습니다. 그녀는 말했습니다. "교육은 강요해서는 안 돼요. 아이가 스스로 책을 펴고 싶어질 때까지 기다려야 해요." 그 말에는 교사로서의 오랜 경험이 담겨 있었습니다. 억지로 시킨 공부는 오래가지 않으며, 진짜 배움은 스스로 움직일 때 시작된다는 깨달음이었지요. 하지만 제 생각은 조금 달랐습니다. 물론 자발적 학습이 가장 이상적이지만, 그 단계에 이르기까지는 부모의 역할이 꼭 필요하다고 믿었습니다. 아이들은 성장 과정에서 여러 유혹과 방황을 겪기 마련이기에, 그 속에서 올바른 방향을 제시하고 습관을 만들어 주는 것이 부모의 몫이라 생각했습니다. 특히 초등 시기야말로 인생의 기초를 세우는 골든타임입니다. 이때 만들어진 집중력과 자기주도성은 학업을 넘어 삶 전체의 태도를 결정짓습니다. 그래서 '언젠가 스스로

 공부보다 먼저, 부모가 가르쳐야 할 것

하겠지'라는 막연한 기다림만으로는 부족하다고 느꼈습니다.

아내와 교육에 대해 대화를 나누던 어느 날, 저는 미국 여행 중 보았던 유대인 가정의 교육 방식이 다시 떠올랐습니다. 그들의 교육은 단순히 공부를 잘하게 만드는 방법이 아니었습니다. 유대인 부모들은 아이에게 세상을 바라보는 시선, 생각하는 힘, 그리고 자기 정체성의 뿌리를 가정에서부터 길러 주고 있었습니다. 그 중심에는 늘 '말씀(영어바이블)'이 있었습니다. 그들은 영어바이블을 종교적 암송의 대상으로만 여기지 않았습니다. 그 속에 담긴 언어, 리듬, 가치, 윤리를 일상 속 대화와 습관으로 자연스럽게 스며들게 했습니다. 무엇보다 인상 깊었던 것은 그들의 태도였습니다. 유대인 부모들은 "언젠가 알아서 하겠지"라며 손을 놓지 않았습니다. 대신 아이가 스스로 성장할 수 있도록 환경을 만들고, 자극을 주며, 훈련 시키는 부모의 책임을 끝까지 지고 있었습니다. 그들의 '믿음'은 기다림이 아니라 실천으로 이어지는 믿음이었습니다.

그 모습을 떠올리며 저는 결심했습니다. "교육은 말로 하는 것이 아니라, 부모가 먼저 행동으로 보여 주는 것이다." 그래서 아이가 책을 읽을 때 함께 앉아 읽고, 스스로 계획을 세우도록 도와주며, '부모의 역할'을 직접 실천하는 일을 시작했습니다. 귀국 후, 우리가 가장 먼저 한 일은 영어 학원을 알아보는 것이었습니다. 미국 여행을 통해 깨달았기 때문입니다. 영어는 단순한 과목이 아니라, 세상과 연결되는 언어라는 사실을요. 그때 아들은 초등학교 5학년으로 영어는 거의 기초 수준이었습니다. '학교에서 배우면 되겠지', '아직 어리니까 괜찮겠지' 하며 미뤄 왔지만, 이제는 더 이상 기다릴 수 없다는 현실을 마주했습니다. 이미 주변 아이들 대부분은 일찍부터 영어를 배우기 시작했고, 우리 아이는 조금 늦은 출발선에 서 있다는 사실을 인정해야 했습니다.

아이가 영어 학원에서 받은 첫 레벨 테스트 결과는 예상보다 낮았습니다. 결국 자신보다 어린 아이들과 같은 반에서 수업을 듣게 되었고, 그 사실은 아이에게 큰 상처가 되었습니다. "나는 왜 이제 시작해야 하지?" 그날 아이의 침묵 속에는 자존심의 상처와 혼란이 담겨 있었습니다. 부모인 저 역시 마음이 무거웠습니다. 하지만 우리는 다시 결심했습니다. 지금이라도 늦지 않았다. 공부에서 중요한 것은 언제 시작했는가가 아니라, 어떤 마음으로, 어떤 습관으로 꾸준히 이어 가느냐는 것을 깨달았습니다. 그래서 우리는 유대인 가정의 '암송 교육' 방식을 적용하기로 했습니다.

유대인 부모들은 아이가 어릴 때부터 '토라(영어바이블)' 구절을 암송하며 언어의 리듬과 사고력, 가치관을 함께 길러 줍니다. 우리는 그 방법을 본받아, 하버드대 유대인 학생이 어린 시절 외웠다는 100개의 구절 중 아이의 수준에 맞는 26개를 골라 일주일에 한 문장씩 영어와 한글로 함께 암송하기로 했습니다. 하지만 목적은 단순한 암기가 아니었습니다. 각 문장의 의미를 느끼고, 리듬을 익히며, 스스로 배우는 태도를 기르는 것이었습니다. 그 과정을 통해 아이는 영어보다 더 중요한, 집중력·성실함·배움의 자세를 배우게 되었습니다. 우리는 깨달았습니다. 언어란 단어의 조합이 아니라, 세상을 이해하고 표현하는 힘이라는 것을요. 처음 시작은 쉽지 않았습니다. 아이들은 낯선 영어 문장과 영어바이블 구절을 힘들어했

     공부보다 먼저, 부모가 가르쳐야 할 것

고, 외우려 해도 금세 잊어버리곤 했습니다. 그래서 우리는 '아이 혼자 하게 두는 것' 대신 '함께하는 방식'을 선택했습니다. 매일 아침과 저녁, 일정한 시간에 나란히 앉아 같은 구절을 읽고 외웠습니다. 틀리면 함께 다시 복습하고, 저는 '선생님'이 아니라 '동반자'의 마음으로 아이 옆에 앉았습니다. 제가 먼저 외우고, 틀리고, 다시 시도하는 모습을 보며 아이들도 부담을 내려놓았고, "아빠도 하니까 나도 할 수 있다"는 용기를 얻기 시작했습니다.

우리가 함께 외운 첫 구절은 "In the beginning God created the heavens and the earth."("태초에 하나님이 천지를 창조하시니라.")였습니다. 이 한 문장을 통해 아이는 영어의 리듬을 익히고, 발음에 자신감을 얻었습니다. 처음엔 서툴던 입이 점점 자연스러워지고, 무엇보다 집중력과 태도가 달라졌습니다. 6개월 후, 아이는 총 26개의 영어, 영어바이블 구절을 완벽히 암송할 수 있었습니다. 설날, 40명 넘는 친척들 앞에서 아이들은 한 구절씩 또렷한 발음으로 외웠습니다. 부끄러워하던 아이들이 26문장을 완주하자, 모두의 박수와 환호가 쏟아졌습니다. 그날 이후, 암송은 공부가 아닌 놀이가 되었고, 영어는 부담이 아닌 즐거움으로 변했습니다. 이 변화는 곧 학원에서도 나타났습니다. 아들은 3개월마다 월반하며 빠르게 성장했고, 학원 원장은 말했습니다. "다른 아이들이 걸어간다면, 이 아이는 날아가고 있습니다."

이 모든 변화는 어느 날 갑자기 찾아온 것이 아니었습니다. 그것은 단지 한 구절의 영어 영어바이블 암송에서 시작된 작은 움직임이었고, 그 조그 마한 습관이 매일 같이 이어졌을 때, 생각의 틀이 바뀌고, 학습의 태도가 바뀌며, 결국 아이의 인생에까지 작지만, 분명한 궤적을 새기기 시작했던 것입니다. 그때 저는 깨달았습니다. 유대인의 교육은 단순한 방법이 아니라, 삶 속에서 실천 가능한 태도와 반복의 힘이라는 것을. 그리고 그 실천은 생각보다 가까운 곳, 바로 가정에서부터 충분히 시작될 수 있다는 사실을요.

62장 성적 너머, 진짜 영어가 가진 힘

어느 날, 정말 반가운 전화를 받았습니다. 대학 시절 제게 큰 영향을 주셨던 은사님이셨습니다. 그분은 지식을 가르치는 교수님이 아니라, 학생 한 사람의 마음을 진심으로 바라봐 주던 참된 교육자였습니다. 그 전화는 마치 오래된 기억 속 불씨가 다시 타오르는 듯한 따뜻한 순간이었습니다. 교수님은 차분한 목소리로 뜻밖의 제안을 하셨습니다. "노스페이스의 자회사인 영원무역의 성기학 회장님이 고향 창녕에 문화원을 세우셨습니다. 그곳에서 영어 강좌를 맡아 보지 않겠습니까?" 그 말씀을 듣는 순간, 제 머릿속에는 단순한 '영어 수업'이 아니라 한 사람의 철학이 지역 사회 속에서 어떻게 실천되는가 하는 장면이 그려졌습니다. 세계적인 기업인이 자신의 고향을 위해 교육 공간을 만든다는 건 단순한 성공의 결과가 아니라, '배움과 나눔이 함께하는 삶의 철학'을 보여 주는 일이라 느껴졌습니다. 그래서 저는 망설임 없이 그 제안을 받아들였습니다.

성기학 회장님은 단순히 성공한 기업인이 아니었습니다. 그는 자신이 자란 고향을 과거의 기억으로만 두지 않고, 현재와 미래가 함께 성장하는 배움의 터전으로 만들고자 했습니다. 그 마음에서 탄생한 '영원문화원'은 지역의 중심이자, 누구나 배우고 성장할 수 있는 열린 학교가 되었습니다. 이곳에서는 철학, 역사, 예술, 건강 등 다양한 강의가 열렸고, 저는 그중 영어 회화 수업을 맡게 되었습니다. 그 순간 저는 깨달았습니다. 교육은 지식을 전달하는 일이 아니라, 사람의 마음에 빛을 켜는 일이라는 것을요. 처음 문화원을 찾던 날, 유리창 사이로 스며드는 따뜻한 햇살, 단정한 공간 속 배움의 열기로 가득한 공기, 그리고 고요히 흐르는 우포늪의 물결이 어우러진 풍경은 아직도 생생합니다. 배우고자 하는 사람들의 진심 어린 눈빛 속에서 저는 느꼈습니다. 이곳은 단순한 학습장이 아니라, 사람의 삶을 변화시키는 살아 있는 교육의 현장이었습니다.

그 후로 저는 매주 문화원을 찾았습니다. 영어는 단지 언어의 도구였지만, 그 언어를 배우려는 사람들의 마음은 누구보다 진지했습니다. 외국인을 맞는 해설사, 해외 업무를 준비하는 공무원, 아이 교육을 고민하는 어머니, 그리고 단순히 자신을 성장시키고 싶다는 어르신까지. 이유는 달랐지만, 배우려는 마음의 열정은 모두 같았습니다. 저에게 있어 그 수업은 단순한 강의가 아니었습니다. 오히려 제 삶을 되돌아보게 만드는, '배움의 본질'에 대한 깊은 질문이었습니다. 그래서 저는 이 수업을 정해진 교재나 평가 기준 속에 가두고 싶지 않았습니다. 대신, 그들의 실제 삶에 스며든 언어를 가르치자는 마음으로 수업을 구성했습니다. 저는 스스로에게 물었습니다. "이분들께 정말 도움이 되는 영어란 무엇일까?" 그 답을 찾기 위해 문법보다 생활 속에서 바로 사용할 수 있는 표현에 초점을 맞췄습니다. 처음에는 인사말 같은 기본 대화부터 시작했습니다. "Nice to meet you.(만나서 반가워요.)", "How are you?(어떻게 지내세요?)" 이런 단순한 문장들이 암기가 아닌, 진짜 소통의 시작이 되도록 연습했습니다. 그 후에는 실제 상황 중심으로 수업을 확장했습니다. 출입국 심사, 호텔 체크인, 식당 주문, 쇼핑, 길 묻기 등 삶과 연결된 영어 표현을 통해 '언어가 살아 움직이는 수업'을 만들었습니다.

 공부보다 먼저, 부모가 가르쳐야 할 것

저는 수업 초반부터 영어의 '소리'에 집중했습니다. 오랜 시간 영어에서 멀어져 있던 어른 학생들에게는 파닉스(Phonics), 즉 알파벳의 소리와 발음 규칙을 다시 익히는 것이 꼭 필요했습니다. 특히 한국어에는 없는 유성음·무성음·강세·리듬의 차이를 정확히 구분하고, 잘못 익힌 일본식 영어 발음을 교정하는 데 중점을 두었습니다. 그 과정에서 학생들의 눈빛이 달라졌습니다. "영어는 외워야 할 게 아니라, 논리와 과학으로 이뤄진 언어구나." 그 깨달음이 배움의 태도를 바꿔 놓았습니다. 그 후 저는 수업에 팝송 학습법을 도입했습니다. 'Yesterday', 'Top of the World' 같은 익숙한 곡을 함께 듣고, 가사를 해석하며, 노래를 따라 부르면서 자연스럽게 영어의 소리와 감정을 익히는 시간이었습니다.

어른 학생들은 마치 젊은 시절로 돌아간 듯한 얼굴로 노래를 불렀습니다. "이렇게 재미있게 영어를 배울 수 있는 줄 몰랐어요." 그들의 말처럼, 영어는 점점 단어가 아닌 마음으로 배우는 언어가 되어 갔습니다. 시간이 지나며 문화원 수업에는 세대의 경계가 사라졌습니다. 대학생, 초등학생, 주부, 은퇴자까지 함께 모여 서로의 속도로 배우고 응원했습니다. 호주 유학을 앞둔 한 학생은 이곳에서 배운 기초로 현지 수업을 훌륭히 따라갔고, 평생 영어를 두려워하던 중년 학습자는 처음으로 외국인과 대화를 나눈 날의 감동을 이야기했습니다. 그 순간 저는 확신했습니다. 이곳은 단순한 영어 학원이 아니라, 한 사람의 삶이 다시 시작되는 배움의 공간이라는 것을요. 무엇보다 이 모든 일을 가능하게 만든 것은 성기학 회장님의 조용한 철학이었습니다. 그는 자신의 성공을 자신만을 위한 결과로 남기지 않았습니다. 기업인의 손으로 돈을 벌고, 교육자의 마음으로 고향에 되돌려준 사람, 그는 배움을 위한 공간을 만들고, 사람을 모으고, 강사를 초대했습니다. 단 한 푼의 이익도 바라지 않고, 오직 '사람의 성장을 위한 투자'를 실천한 분이었습니다. 저는 그 정신을 마음 깊이 새기며, 가능한 한 오래도록 그 뜻을 이어 가고 싶습니다.

올해로 제가 영원문화원에서 강의를 시작한 지 15년이 되었습니다. 그 시간 동안 수많은 사람들과 함께 영어라는 다리를 놓았습니다. 그 다리는 단순히 언어의 경계를 넘는 통로가 아니라, 삶의 자신감을 되찾고, 새로운 세상으로 나아가게 하는 용기의 다리였습니다. 어느 날, 한 수강생이 말했습니다. "선생님, 영어가 제 인생을 다시 움직이게 했어요." 그 한마디가 제가 오늘도 이 자리를 지키는 이유입니다. 배움에는 나이가 없습니다. 그리고 진짜 교육은 언제나 사람을 향합니다. 영어는 언어일 뿐이지만, 그 안에 진심이 담겨 있다면 누구의 삶도 천천히, 그러나 분명히 바꿀 수 있습니다. 그래서 저는 오늘도 창녕의 작은 교실에서 영어를 가르치며, 그 안에서 사람을 배우고 있습니다.

63장 유대인 교육을 따라서

'교육'은 예로부터 백 년을 내다보는 일, 즉 백년대계(百年大計)라 불렸습니다. 그만큼 교육은 단기간의 성과를 위한 수단이 아니라, 한 사람의 인생을 세우고 사회의 문화를 이어 가는 가장 깊은 투자이자 토대입니다. 하지만 오늘날 우리의 현실은 이 이상과는 멀어졌습니다. 정권이 바뀔 때마다 정책이 달라지고, 현장의 교사들은 새로운 제도에 지치며, 학부모와 아이들은 혼란 속에서 방향을 잃고 있습니다. 결국 아이들은 '배움의 즐거움'보다 '버티는 법'을 먼저 배우게 되었고, 학교의 수업과 평가가 흔들리면서 부모들은 사교육에 의지할 수밖에 없게 되었습니다.

전문가들은 말합니다. "오늘의 교육은 중심을 잃었다." 이 말은 단순한 비판이 아니라, 우리 모두에게 던지는 경고입니다. 이럴 때일수록 부모의 역할이 가장 중요해집니다. "학교가 해 주겠지, 국가가 책임지겠지" 하는 시대는 지났습니다. 부모는 아이를 가장 잘 아는 사람으로서 그 아이의 흥미와 성향을 이해하고, 어떤 환경에서 가장 잘 배우는지 세심히 살펴야 합니다. 아이를 키운다는 건 교재를 고르는 일이 아니라, 아이의 마음을 이해하고 함께 걸어 주는 일입니다. 그 시작은 부모의 관심, 통찰, 그리고 사랑에서 비롯됩니다.

우리의 현실은 여전히 입시 중심의 교육 속에 머물러 있습니다. 많은 부모들이 여전히 "좋은 대학에 가는 것이 아이의 성공"이라 믿고, 아이들은 그 기대 속에서 성적이라는 숫자에 자신을 맞추며 살아갑니다. 학교와 학원을 오가는 하루는 반복되고, 아이들의 삶은 어느새 '공부'라는 한 단어로만 정의됩니다. 그 속에서 아이들은 '왜 공부해야 하는가'보다는 '어떻게 점수를 올릴까'에 몰두하게 되고, 결국 배움의 기쁨과 성장의 의미는 잊혀 갑니다. 마치 거대한 시험 중심의 컨베이어벨트 위에서 아이들의 개성과 꿈이 점점 희미해지는 듯합니다.

하지만 우리는 묻게 됩니다. 이것이 과연 우리가 바라는 교육의 전부일까요? 시험을 잘 치고 좋은 대학에 가는 것이 정말로 한 사람의 인생을 위한 교육의 완성일까요? 진정한 교육은 점수를 넘어, 사람이 세상과 자신을 이해하며 행복을 찾는 과정이어야 합니다. 얼마 전 인상 깊은 소식을 들었습니다. 세계에서 가장 가난한 나라 중 하나인 방글라데시가 '국민 행복도 1위'를 차지했다는 것입니다. 반면 경제 규모 세계 10위권인 대한민국은 늘 하위권에 머물러 있습니다. 그 차이는 부의 크기가 아니라 관계의 온기에서 비롯됩니다. 방글라데시 사람들은 가족과 공동체 속에서 연결되어 있음을 느끼며 행복을 찾습니다. 이 사실은 우리에게 중요한 메시지를 전합니다. 진짜 교육은 경쟁이 아니라, 함께 살아가는 힘을 기르는 것이라는 것을요.

우리는 세계 최고 수준의 교육 시스템과 IT 인프라, 그리고 글로벌 경쟁력을 갖추고 있습니다. 하지만 정작 "행복하다"는 말을 쉽게 하지 못합니다. 그 이유는 어쩌면 우리의 교육이 지식은 채우지만, 마음은 돌보지 못하고 있기 때문일지도 모릅니다. 국제 학업 성취도 평가(PISA)에서 우리 아이들은 수학과 과학 성적이 언제나 세계 상위권입니다. 그러나 '학습 흥미도'와 '정서적 만족도'는 최하위권에 머물러 있습니다. 공부를 잘하지만, 행복하지 않은 아이들. 그들의 표정 속에는 피로와 불안이 먼저 자리 잡고 있습니다.

지식이 쌓일수록 행복이 줄어드는 사회, 이것이 지금 우리가 마주한 교육의 현실입니다. 진짜 교육은 '얼마나 많이 아는가'가 아니라, '얼마나 행복하게 배우고 성장하는가'를 묻는 과정이어야 합니다. 이제 우리는 스스로에게 물어야 합니다. 아이들은 높은 성적을 얻는 동안, 과연 진짜로 배우고 있을까요? 매일같이 문제집을 풀고 시험을 준비하는 그 시간 속에서, 생각하는 힘과 질문하는 용기를 배우고 있을까요? 이 물음 앞에서 부모와 교사 모두가 느끼는 혼란은 결국 교육의 본질. "우리는 어떤 인간을 길러 내고 있는가"라는 질문으로 이어집니다.

2015년, 정부는 '행복한 배움'이라는 이름으로 새로운 교육 철학을 내놓았습니다. 지식 위주의 교육에서 벗어나, 삶 중심의 배움, 즉 아이가 즐겁게 배우고 실제 삶 속에서 지식을 실천할 수 있는 교육을 만들겠다는 목표였습니다. '즐거운 교육, 함께 성장하는 교육'이라는 표어도 등장했지만, 현실은 여전히 멀었습니다. 입시 중심의 경쟁 구조는 여전하고,

교사들은 제도의 벽 앞에서 한계를 느끼며, 부모들은 불안 속에서 아이의 미래를 걱정하고 있습니다. 결국 제도가 바뀌는 것보다 어려운 것은 부모의 인식과 사회의 문화가 바뀌는 일이었습니다.

이 시점에서 우리는 묻습니다. "과연 공부가 아이들에게 즐거운 일이 될 수 있을까?" 이 질문은 정책의 문제가 아니라, 부모 한 사람의 마음에서 시작되는 과제입니다. 교육은 단순히 지식을 쌓는 일이 아니라, 한 사람의 인생을 만들어 가는 일이기 때문입니다. 아이의 배움이 곧 가정의 문화가 되고, 그 가정의 문화가 사회의 미래를 결정합니다. 그리고 그 중심에는 언제나 부모가 있습니다. 아이란 단순히 돌봐야 할 존재가 아니라, 부모 인생의 의미와 시간을 가장 아름답게 증명해 주는 존재이기 때문입니다. 결국 부모의 시선이 바뀔 때, 아이의 배움도 진정으로 행복해질 수 있습니다.

2015년 인천 송도에서 열린 세계교육포럼(UNESCO 주최)에서도 전 세계 교육 지도자들이 같은 결론에 도달했습니다. "진정한 교육은 성적이 아니라, 행복을 가르치는 일이다."

> **앞으로의 시대가 원하는 인재는 세 가지 능력을 갖춘 사람**
>
> **① 인문학적 상상력**
> 사람과 세상을 깊이 이해하고,
> 새로운 시각으로 바라볼 줄 아는 힘

   공부보다 먼저, 부모가 가르쳐야 할 것

유대인들은 지성과 감성, 그리고 도덕성의 균형을 가장 중요한 교육 목표로 삼습니다. 이 세 가지를 두루 갖춘 사람을 그들은 '창의융합형 인재'라고 부르죠. 즉, 한쪽으로만 치우치지 않고 생각하고 느끼며 행동할 줄 아는 사람이 앞으로의 세상을 이끌 수 있다는 뜻입니다. 이런 인재를 길러내는 대표적인 교육이 바로 유대인 교육입니다. 그들은 어린 시절부터 토라와 탈무드를 외우며, 부모와 함께 이야기를 나누고 질문하고 토론하는 습관을 기릅니다. 이 방식을 하브루타 교육이라고 부르며, 정답을 외우는 대신 "왜?"라는 질문을 던지며 스스로 사고하는 힘을 키웁니다. 또한, 유대인 부모들은 아이의 질문을 무시하지 않습니다. "몰라, 나중에"라고 하지 않고 함께 책을 찾고 실험하며 탐구의 습관을 만들어 줍니다. 이 일상 속 대화가 바로 과학적 창의력의 뿌리가 됩니다. 그리고 인성 교육은 가정의 식탁에서 이루어집니다. 하루 세 번 식사 전에 감사의 기도를 드리고, 서로의 하루를 이야기하며 존중과 배려를 배우는 시간이죠. 그들에게 식탁은 단순히 밥을 먹는 곳이 아니라 삶의 태도와 사랑을 배우는 교실입니다.

저는 비즈니스 현장에서 여러 유대인들과 함께 일하면서, 그들의 품격 있는 태도와 절제된 소통 방식을 직접 느낄 수 있었습니다. 특히 한 유대인 클라이언트는 10년 동안 단 한 번도 언성을 높이거나 감정적으로 반응한 적이 없었습니다. 항상 정중하고 차분한 태도로 협상에 임하면서도, 결코 실속을 놓치지 않는 현명한 전략가였습니다. 그의 태도는 하루아침에 만들어진 것이 아니라, 어릴 때부터 이어 온 교육의 철학과 습관이 몸에 밴 결과였습니다. 오늘날 유대인들은 경제, 과학, 예술, 정치, 법률 등 세계를 이끄는 여러 분야에서 영향력을 발휘하고 있습니다. 그 중심에는 언제나 교육이 있습니다. 유대인 교육은 단순히 지식을 쌓는 것이 아니라, 생각하는 힘과 책임감, 그리고 품격 있는 태도를 기르는 과정입니다. 이제 우리도 이런 교육의 본질을 배우고, 아이들이 세상 속에서 중심을 잃지 않도록 준비해야 할 때입니다.

공부보다 먼저, 부모가 가르쳐야 할 것

64장 유대인 교육 '토라'를 알다

미국에서 한 달 동안 머무는 동안, 우리 가족은 단순한 여행이 아닌 삶과 교육을 다시 바라보는 깊은 시간을 보냈습니다. 낯선 언어와 문화 속에서 처음엔 아이들도 말 한마디 꺼내기 어려워했지만, 며칠이 지나자 자연스럽게 영어로 인사하고 새로운 사람과 음식을 두려움 없이 받아들였습니다. 그 모습을 보며 깨달았습니다. 아이들은 어른이 상상하는 것보다 훨씬 큰 세계를 품고 있고, 스스로 적응할 힘을 지닌 존재라는 것을요. 이 한 달의 시간은 우리 가족에게 '삶의 우선순위'를 다시 세워 준 시간이었습니다. 무엇이 진짜 교육인지, 부모로서 어떤 방향으로 나아가야 하는지를 되돌아보게 했습니다. 마치 잊고 있던 나침반을 다시 손에 쥔 듯, 삶의 방향을 새롭게 정립한 여행이었습니다. 그리고 그 전환점은 거창한 사건이 아닌, 워싱턴 D.C. 근교의 친척 집에서 나눈 한 사람의 이야기에서 조용히 시작되었습니다.

그 이야기의 주인공은 평범한 가정에서 자라 하버드 로스쿨에 합격한 청년이었습니다. 하버드 로스쿨은 단순히 공부만 잘한다고 들어갈 수 있는 곳이 아닙니다. 지성, 인성, 비판적 사고력, 리더십을 두루 갖춘 사람만이 합격할 수 있는 곳이기에, 그의 합격 소식은 미국 한인 사회 전체에 큰 감동을 주었습니다.

하지만 진짜 인상 깊었던 것은 그 결과보다 그를 키운 어머니의 교육 철학이었습니다. 그녀는 아버지 없이 혼자서 아들을 길러 냈지만, 단 한 번도 조급하거나 비교하지 않았습니다. 대신 조용하고 단단한 신념으로, 사람다운 사람을 키우는 교육을 실천했습니다. 그녀의 말투에는 자랑이 아닌 겸손한 확신과 따뜻한 믿음이 담겨 있었고, 그 속에는 '공부보다 중요한 것은 삶의 태도'라는 메시지가 있었습니다. 그 어머니가 들려준 이야기는 단순한 교육법이 아닌, 사랑과 믿음이 만들어 낸 긴 여정이었습니다. 그녀가 가장 먼저 강조한 것은 '기도의 힘'이었습니다. 아이를 위한 기도는 종교적인 의식이 아니라, 매일의 삶 속에서 아이의 이름을 불러 축복하고, 올바른 길을 걷기를 바라는 사랑의 언어였습니다. 그녀는 하루도 빠짐없이 아이를 위해 기도했고, 그 마음이 아이의 내면에 '믿음'이라는 단단한 뿌리를 심어 주었습니다.

또한 그녀는 유대인의 교육 방식에서 큰 영감을 받았습니다. 어릴 때부터 아이에게 '토라' 말씀을 매일 암송하게 하며, 짧은 문장부터 긴 구절까지 꾸준히 외우게 했습니다. 그 과정은 단순한 암기가 아니라, 사고력·집중력·자기절제를 길러 주는 훈련이었습니다. 이후에는 '탈무드'를 함께 읽으며 생각을 나누고, 삶의 지혜와 도덕적 판단력을 키워 주었습니다. 그녀의 목표는 단순히 공부 잘하는 아이가 아니라, "생각이 깊고 중심이 흔들리지 않으며, 자신답게 살아가는 아이"를 키우는 것이었습니다. 그 믿음과 꾸준함이 결국 하버드로 향하는 길을 만든 힘이었습니다.

그 유대인 어머니의 한마디, "밥은 못 먹어도 토라는 반드시 외워야 한다"는 말은 처음엔 다소 극단적으로 들렸지만, 곱씹을수록 교육의 본질을

 공부보다 먼저, 부모가 가르쳐야 할 것

꿰뚫은 말이었습니다. 그녀가 말한 '토라'는 단지 종교적인 암송이 아니라, 삶의 중심에 말씀과 지혜를 두는 교육 철학이었습니다. 그 믿음은 아이가 어떤 상황에서도 흔들리지 않게 해 주는 내면의 나침반이었습니다. 저는 그 말을 들으며 오랫동안 마음속이 울렸습니다. 이스라엘 출신 유대인들과 함께 일할 때마다 느꼈던 그들의 놀라운 사고력과 집중력이 단순한 재능이 아니라, 어릴 때부터 훈련된 교육의 결과였다는 사실이 떠올랐기 때문입니다. 그들의 배움은 시험을 위한 지식이 아니라, 삶의 전반을 훈련하고 생각하는 힘을 기르는 과정이었습니다. 그날 이후, 저의 교육관도 바뀌었습니다. 아이에게 필요한 것은 점수나 속도가 아니라, 삶을 통째로 훈련하는 교육, 즉 스스로 사고하고 중심을 지키는 힘을 기르는 교육이라는 확신이 생겼습니다. 그래서 가족과 함께 교육의 방향을 새로 세우기로 했습니다. 성적보다 내면을 단단히 세우는 교육, 그것이 진짜 공부라는 깨달음이었습니다.

처음부터 모든 것이 잘 풀린 것은 아니었습니다. 새로운 교육 방식을 실천하는 일은 시간과 인내가 필요한 과정이었습니다. 하루에 한 문장이라도 꾸준히 외우고, 그 의미를 되새기며 살아 보는 일은 단순히 공부법을 바꾸는 것이 아니라 아이의 습관과 사고방식을 바꾸는 일이었기 때문입니다. 그래서 아이들은 때로 지루해했고, 어려운 문장 앞에서 포기하고 싶어 하기도 했습니다. 그럴 때마다 저와 아내는 아이의 마음을 다독이며 말했습니다. "조급해하지 말자. 조금씩, 꾸준히 가면 돼." 우리가 이 방법을 택한 이유는 단순히 지식을 쌓기 위해서가 아니었습니다. 우리는 공부를 '삶의 태도를 배우는 일'로 보았습니다. 외우는 그 행위 속에서 인내, 집중력, 자기 절제, 책임감이 자라나길 바랐습니다. 아침마다 한 구절을 외우고, 저녁에는 함께 이야기하며 하루를 돌아보는 시간. 그 안에서 아이는 공부 이상의 것을 배우고 있었습니다. 조금 느리더라도, 스스로 생각하고 선택하며 자신의 삶을 살아가는 힘을 기르길 바랐습니다.

이 유대식 교육 철학은 우리 가족에게 큰 변화의 전환점이 되었습니다. 아이들은 영어 실력뿐 아니라 암기력, 집중력, 자기 주도 학습력을 함께 키워 갔고, 매일 한 구절씩 외우며 사유하는 힘과 인내심, 자신을 다스리는 태도를 배웠습니다. 이 작은 훈련이 쌓이면서 아이들의 눈빛이 달라지고, 책을 대하는 태도 역시 진지하고 성숙해졌습니다. 이 과정을 통해 저는 한 가지 확신을 얻었습니다. 부모가 먼저 믿고 실천할 때, 아이는 반드시 반응한다는 것입니다. 그 반응은 지금은 작아 보여도, 언젠가 인생의 중요한 순간에 가장 강한 힘으로 아이를 빛나게 할 씨앗이 됩니다.

 공부보다 먼저, 부모가 가르쳐야 할 것

65장 외우기 달인 유대인

미국 LA의 바쁜 도심 속에도, 매주 토요일이면 고요하게 변하는 유대인 회당이 있습니다. 아이들과 부모가 함께 모여 안식일을 지키는 그곳의 분위기는 '삶이 곧 교육'이라는 철학을 그대로 보여 줍니다. 특히 인상적인 건 아이들의 모습입니다. 작은 손에 토라(Torah)를 들고 구절을 외우며, 손가락으로 하늘을 가리키는 그들의 눈빛에는 배움이 신앙처럼 스며 있는 진심이 담겨 있습니다. 유대인들은 말씀을 단순히 읽지 않습니다. 손목에 감거나, 주머니에 넣고 수시로 꺼내 보며 삶 속에서 말씀을 실천합니다. 이 전통은 겉보기엔 단순한 암기처럼 보이지만, 실은 정체성을 지키는 가장 깊은 교육 방식입니다. 그 덕분에 유대인들은 나라를 잃은 세월 속에서도 문화와 신앙, 사고의 뿌리를 잃지 않았습니다. 아이에게 가르치는 것은 단지 문장이 아니라, "나는 누구인가"라는 근본적인 자각이었습니다.

유대인들에게 토라를 외운다는 것은 단순한 공부가 아닙니다. 그것은 삶의 방향을 새기고, 세대를 잇는 언어를 전하며, 공동체의 뿌리를 지키는 일입니다. 아이들이 매일 말씀을 되새기는 이유는 시험 때문이 아니라, "나는 누구이며, 어떤 삶을 살아야 하는가"를 배우기 위해서입니다. 유대인의 역사는 고난과 유랑의 연속이었습니다. 이집트의 종살이, 바벨론 포로기, 로마의 박해, 중세의 추방, 나치의 학살까지. 그들은 수천 년 동안 나라 없이 떠돌며 살았습니다. 하지만 그 모든 세월 속에서도 결코 정체성을 잃지 않았던 이유가 있습니다. 바로 '토라'라는 정신적 고향이 있었기 때문입니다. 그 말씀은 그들에게 신앙이자 언어였고, 삶을 지탱하는 영혼의 나침반이었습니다. 유대인들은 이렇게 말합니다. "우리를 지켜 준 것은 우리가 외운 토라였다." 이 말은 단순한 믿음이 아니라, 실제로 그들의 생존을 지탱한 진실이었습니다. 땅과 권력, 재산이 모두 사라져도 마음속에 새겨진 말씀은 빼앗을 수 없었습니다. 암송된 구절, 내면화된 지혜가 그들을 인간답게 지켜 주었고, 공동체로 살아갈 힘이 되어 주었습니다. 그들에게 '암기'란 단순한 공부가 아니라, 정체성을 지키는 보이지 않는 방패, 그리고 삶을 지탱하는 정신의 닻이었습니다.

이 전통은 지금도 이어집니다. 유대인 가정에서는 아이가 만 13세가 되면 '바르미츠바(Bar Mitzvah)'라는 성인식을 치릅니다. 하지만 그것은 단순히 "이제 어른이 되었다"고 선언하는 의식이 아닙니다. 오히려 "이제 스스로 말씀을 책임질 수 있는 존재가 되었다"는 상징적인 의미를 지닙니다. 그래서 성인식을 앞둔 아이들은 오랜 시간 토라의 구절을 암송하며 준비합니다. 유대인들의 암송 교육은 단순히 기억력을 키우는 훈련이 아닙니다. 그들은 말씀을 외우는 과정을 통해 사고의 틀과 삶의 기준을 배우며, 그 언어를 마음속에 깊이 새겨 넣습니다. 아이에게 반복된 말씀은 위기나 갈등의 순간마다 올바른 선택을 하도록 이끄는 내면의 나침반이 됩니다. 그래서 유대인 교육은 시험을 위한 공부가 아니라, 삶 전체를 훈련하는 과정입니다. 아이들은 글자를 배우는 것이 아니라, "어떻게 살아야 하는가"를 배우는 것이죠. 그들의 암송은 머리에 넣는 공부가 아니라, 마음에 새기는 배움입니다.

　　　　　　　　　　　　공부보다 먼저, 부모가 가르쳐야 할 것

이런 전통 속에서 유대인들은 말씀을 단순히 외우는 데 그치지 않습니다. 삶의 모든 순간—결정을 내려야 할 때, 감정이 흔들릴 때— 그들은 자연스럽게 외웠던 구절을 떠올립니다. 그 말씀이 바로 삶의 언어이자 방향을 잡는 힘이 되는 것입니다. 많은 사람들은 이렇게 말합니다. "유대인들은 원래 머리가 좋으니까 가능한 거 아니냐?" 하지만 유대인들은 단호히 말합니다. "우리는 타고난 게 아니라, 반복하고 훈련했을 뿐이다." 그들은 어릴 때부터 부모와 함께 말씀을 듣고 외우며, 질문하고 토론하는 과정을 통해 생각하는 힘을 키워 왔습니다. 즉, 그들의 학습력은 재능이 아니라 꾸준한 습관과 훈련의 결과입니다. 우리는 종종 "이해가 더 중요하다"고 말하지만, 이해만으로는 배움이 완성되지 않습니다. 암기를 통해 생각의 기반을 만들고, 이해를 통해 그 지식을 적용할 때 비로소 그것이 '지혜'로 자라납니다. 유대인 교육의 핵심은 바로 이 균형에 있습니다. 외움과 이해가 함께하는 배움. 우리 교육에서도 암기는 여전히 중요합니다.

수학 공식, 과학 원리, 역사적 사건. 기억에서 시작됩니다. 반복 속에서 생겨나는 '기억의 근육'은 아이의 사고력을 키우고, 지식을 자기 것으로 만드는 힘이 됩니다. 유대인들이 말하듯, 암기된 문장은 단순한 정보가 아니라 지혜의 씨앗이며, 그 한 구절이 인생의 위기 속에서 아이를 다시 일으켜 세워 줄 수도 있습니다. 결국 진짜 교육은 머리에 남는 지식이 아니라, 가슴에 새겨지는 문장 하나에서 시작됩니다. 아이에게 외우는 습관을 심어 주는 일은 단순한 공부법이 아니라, 세상을 살아갈 내면의 힘을 길러 주는 일입니다. 그리고 어쩌면 그 씨앗은 오늘 우리가 아이와 함께 읽고 외운 그 한 문장에서 이미 싹트고 있을지도 모릅니다.

유대인 부모들은 아이가 보이는 작은 관심 하나도 놓치지 않습니다. 아이의 시선이 머무는 곳, 손끝이 향하는 방향 속에 잠재된 가능성을 발견하려 애쓰죠. 잠시의 호기심이라도 그 안에 숨은 재능의 씨앗이 있을 수 있기에, 그들은 그것을 억누르지 않고 존중하며 키워 주는 환경을 만듭니다. 아이의 관심이 음악이라면 악기를, 그림이라면 캔버스를, 언어라면 책을 자연스럽게 곁에 두게 하는 것이죠. 즉, "무엇을 배우게 할까?"보다 "무엇에 반응하는가?"를 관찰하는 것이 유대인 부모의 교육 철학입니다.

그들은 또 이렇게 말합니다. "아이에게는 악기 하나쯤은 꼭 필요하다." 이 말은 단순한 예술 교육의 권장이 아닙니다. 음악이야말로 감정을 표현하고, 마음을 다스리는 언어이기 때문입니다. 아이들은 성장하면서 불안과 혼란, 슬픔 같은 감정을 자주 겪습니다. 이 감정이 건강하게 표현되지 않으면 마음속에 쌓이게 되죠. 유대인 부모들은 음악을 통해 아이가 감정을 해소하고, 자기 내면의 리듬을 찾으며, 혼자 있는 시간 속에서도 스스로를 다스리는 힘을 배우도록 돕습니다. 악기 연주는 단순한 기술이 아니라, 아이의 마음이 성장하는 과정입니다.

유대인 부모들은 성적표보다 아이의 눈빛을 먼저 봅니다. 그 눈빛이 무엇을 향해 있는지, 무엇에 반짝이는지를 관찰하며 그 방향이 곧 아이의 길이 된다고 믿습니다. 음악이든 미술이든 언어든, 아이의 내면을 확장시키는 모든 경험을 그들은 '교육'이라 부릅니다. 즉, 그들의 교육은 공부를 잘하게 만드는 훈련이 아니라 아이를 자기답게 살아가게 하는 예술적 성장의 과정입니다. 저 역시 이 철학에 깊이 공감했습니다. 그래서 제 영어 교육 방식도 달라졌습니다. 영어는 점수를 올리기 위한 기술이 아니라, 감정과 생각, 가치와 철학을 표현하는 언어라고 믿게 되었기 때문입니다. 제 학원은 문법이나 단어를 외우는 곳이 아니라, 아이들이 언어와 감정, 소리와 사고를 함께 배우는 공간이 되었습니다. 특히 아이들이 마음의 숨을 돌릴 수 있도록, 저는 '예술 교육'을 수업 속에 자연스럽게 녹여 넣었습니다.

아이들이 직접 악기를 선택해 배우고, 음악 선생님과 함께 매주 토요일마다 작은 음악 프로그램을 진행했습니다. 플루트와 클라리넷의 맑은소리 속에서 아이들은 성적과 숙제의 압박에서 벗어나 오롯이 '자기 자신'으로 존재했습니다. 그 시간은 공부가 아니라, 마음이 회복되는 배움의 순간이었습니다. 그중에서도 잊을 수 없는 한 제자가 있습니다. 초등학교 3학년 무렵 처음 학원을 찾은 그 아이는 호기심 가득한 눈빛으로 밝게 인사하던 아이였습니다. 수업 시간에는 늘 집중했고, 모르는 것이 있으면 자신 있게 질문하곤 했습니다. 부모님 또한 교육의 본질을 깊이 이해하고 계셔서, 우리는 자연스럽게 '아이의 성장을 함께 돕는 동반자'가 될 수 있었습니다. 그 아이는 영어 공부 외에도 스스로 클라리넷 수업을 신청했습니다. 처음엔 서툴고 실수도 많았지만, 점점 연주의 즐거움을 느끼며 자신감을 키워 갔습니다. "틀려도 괜찮다"는 믿음 속에서 음악은 그에게 단순한 기술이 아니라 자신을 표현하는 언어가 되었습니다. 그리고 작은 연주회 무대에 서서 친구들과 함께 연주하던 그 모습은 한 아이가 예술을 통해 내면의 성장과 자존감을 찾아가는 아름다운 순간이었습니다.

　시간이 흘러, 군 복무 중이던 그 아이가 휴가를 내고 학원을 다시 찾아왔습니다. "원장님, 저 군악대원이 되었어요!" 그의 얼굴에는 자부심이 빛나고 있었습니다. 어릴 적 학원에서 배운 클라리넷 실력으로 군악대에 합격했다는 것이었습니다. "다른 친구들이 총을 들고 훈련할 때, 저는 클라리넷을 연주해요. 학원에서 배운 게 제 인생을 바꾼 것 같아요." 그의 말 한마디가 교사로서 제 마음을 깊이 울렸습니다. 그 순간 저는 확신했습니다. 아이 한 명의 가능성은, 그때의 작은 배움 하나로도 인생을 바꿀 수 있다는 사실을요. 돌이켜 보면, 그 아이가 군악대원이 되기까지의 여정은 단순히 악기를 배운 결과가 아니었습니다. 그것은 음악과 언어, 감정과 인내가 어우러진 긴 배움의 과정이었습니다. 처음 손에 쥔 클라리넷은 낯설었지만, 시간이 흐르며 아이의 마음이 담긴 '자기만의 소리'로 바뀌었습니다. 그 소리는 결국 군악대라는 새로운 길을 여는 열쇠가 되었고, 저는 그 과정을 통해 교육의 본질이 무엇인지 다시 생각하게 되었습니다.

　아이가 배운 것은 음계나 연주법이 아니라, 감정을 다루는 법, 자신을 이해하고 세상과 조화를 이루는 법이었습니다. 예술과 학습이 만날 때, 교육은 단순한 지식 전달이 아니라 삶을 변화시키는 힘이 된다는 사실을 깨달았습니다. 그 아이의 처음 어설펐던 클라리넷 소리가 지금도 기억납니다. 그 불안정한 음 속에서 아이는 자기만의 리듬을 찾고, 실패 속에서도 포기하지 않는 법을 배웠습니다. 결국 그가 만들어 낸 '자기만의 소리'

　공부보다 먼저, 부모가 가르쳐야 할 것

는 음악을 넘어 삶의 리듬이 되었습니다. 이제 저는 교육을 이렇게 정의합니다. 교육은 점수나 성적이 아니라, 아이의 삶 어딘가에서 방향을 바꾸는 힘입니다. 어쩌면 한 문장, 한 악기, 한 시간이 그 아이의 인생을 바꾸는 결정적인 전환점이 될 수도 있습니다. 그래서 저는 오늘도 스스로에게 묻습니다. "교육이란 무엇인가?" 그 답은 언제나 하나의 단어로 돌아옵니다. '씨앗'. 아이의 마음속에는 이미 씨앗이 있습니다. 부모와 교사의 역할은 그 씨앗을 억지로 키우는 것이 아니라, 지켜 주고, 기다려 주며, 스스로 피어나게 돕는 일입니다.

67장 아이의 마음을 여는 또 하나의 언어, 악기

저는 어릴 적부터 음악이 늘 곁에 있던 아이였습니다. 아침이면 어머니가 LP판을 올리시고, 슈만과 모차르트, 바흐의 선율이 집 안을 채웠습니다. 음악은 우리 가족에게 단순한 취미가 아니라 삶의 공기 같은 존재였습니다. 세 명의 여동생이 각자 피아노, 바이올린, 첼로를 전공하며 자라났고, 집 안은 언제나 서로 다른 악기 소리가 어우러진 작은 콘서트장이었습니다. 하지만 그 아름다운 풍경 속에서 저만은 음악의 중심에 서지 못했습니다. 어릴 때 피아노를 배우고 싶다는 말을 꺼냈지만, 부모님은 단호히 말씀하셨습니다. "남자아이가 음악에 너무 빠지면 공부에 소홀해질까 걱정된다." 그 말은 당시 사회의 일반적인 생각이었죠. 남자는 공부, 여자는 예술. 그 구분이 너무도 당연했던 시절이었습니다.

그때의 저는 상처를 받기보다는, 조용히 그들의 소리를 부러워하던 아이였습니다. 여동생들이 연습하는 옆에서 그 소리를 들으며 '나도 그 세계에 들어가 보고 싶다'는 마음을 품곤 했습니다. 시간이 지나 돌아보니, 그것은 단순한 유년의 추억이 아니라 '부모의 선택이 아이의 가능성을 막을 수도 있다'는 깨달음으로 남았습니다. 그 경험이 저에게 알려 준 것은 단

하나였습니다. 아이의 마음이 진심으로 향하는 곳을 막지 말고, 그 길을 두려움보다 존중으로 바라보아야 한다는 것이었습니다. 어릴 적 내가 음악에 손을 내밀었을 때, 그 손을 잡아 주는 어른이 있었다면 어땠을까. 이 생각은 지금의 나를 '아이의 감정과 가능성을 존중하는 교육자'로 만들었습니다. 국제 비즈니스 현장에서 세계 각국의 리더들을 만나며, 저는 다시 한번 음악의 힘을 실감했습니다. 놀랍게도 많은 CEO, 학자, 정치인들이 악기를 연주하고 있었고, 그들에게 음악은 단순한 취미가 아니라 소통의 언어이자 마음을 정화하는 도구였습니다. 어떤 CEO는 회의 중 피아노를 연주해 직원들에게 휴식을 주었고, 어떤 정치인은 학교 음악회에서 아이들과 함께 무대에 섰습니다. 그 모습을 보며 저는 확신했습니다. 음악은 단지 예술이 아니라, 사람을 사람답게 만드는 언어라는 것을요.

영어바이블 속 다윗과 솔로몬이 악기로 마음을 다스리던 장면이 오늘날의 리더들 속에서도 되살아나고 있었습니다. 그때 저는 오랜 아쉬움을 채우고 싶다는 마음이 들었습니다. 그래서 가족들과 함께 플루트를 배우기 시작했습니다. 숨결로 연주하는 악기이기에, 우리 가족의 마음에도 가장 잘 어울렸습니다. 매주 함께 배우고 연습하며, 우리는 단순히 음악을 익히는 것을 넘어 서로의 감정과 리듬을 맞추는 법을 배우게 되었습니다. 플루트는 어느새 우리 가족의 새로운 언어, 세대를 잇는 따뜻한 다리가 되어 있었습니다. 그날의 기억은 지금도 제 마음속에 선명하게 남아 있습니다. 한 외국 바이어가 우리 집에 방문했을 때, 아이들이 직접 플루트를 연주했습니다. 무대도 조명도 없었지만, 아이들의 순수한 소리는 손님의 마음을 울렸고, 그는 조용히 박수를 치며 눈시울을 훔쳤습니다. 그날 이후 플루트는 단순한 악기가 아니라 우리 가족의 언어가 되었습니다. 아이들은 영어로만 표현하던 감정을 음악으로도 전하기 시작했고, 음악은 우리 가족을 하나로 이어 주는 또 하나의 대화 방식이 되었습니다.

시간이 흐르며 아들은 축구에 집중했고, 딸은 오케스트라 리더로 성장하며 플루트를 자신의 정체성과 자존심으로 만들었습니다. 저 역시 틈틈이 플루트를 연습하며, 공원에서 연주할 때마다 이웃들과 따뜻한 인사를 나누었습니다. 플루트는 이제 세대를 잇고 사람을 연결하는 다리가 되었습니다. 그리고 지난해, 아들이 결혼을 앞두고 제게 말했습니다. "아빠, 축가로 플루트를 연주해 주세요." 딸과 함께 무대에 올라 연주한 〈A Love Until the End of Time〉 그날의 음악은 가족 모두에게 평생 잊지 못할 순간이 되었습니다. 그때 저는 확신했습니다. 교육은 성적이나 스펙이 아니라, 아이 마음속의 씨앗을 발견하고 자라도록 기다려 주는 일이라는 것을요. 플루트로 시작된 우리 가족의 여정은 결국, 진짜 교육이란 함께 느끼고 함께 자라며 믿어 주는 것임을 보여 주었습니다. 아이들과 함께한 시간 속에서 저는 '교육'이라는 단어의 의미를 다시 되새겼습니다. 플루트를 배우며 함께 보낸 시간은 단순한 음악 연습이 아니라, 아이와 부모가 마음으로 연결되는 여정이었습니다.

서툰 음 하나에도 진심이 담겨 있었고, 무대 위에 서기까지의 모든 과정이 아이에게는 자신을 표현하는 언어를 배우는 시간이었습니다. 저는 그 여정의 곁에서 아이들을 지켜보며, 때로는 이끌고, 때로는 조용히 기다렸습니다. 음악은 우리 가족에게 단순한 취미가 아니라 사람과 마음을 이어 주는 다리였습니다. 처음 소리를 내던 긴장감, 맑은 음이 울릴 때의 성취감, 부모의 박수를 받으며 웃는 순간의 감동. 이 모든 장면은 아이들에게 자신을 믿는 힘과 자존감을 심어 주었습니다. 그 변화는 성적이나 성취로는 절대 환산할 수 없는 값진 성장의 기록이었습니다. 지금도 저는 플루트를 놓지 않습니다. 그 이유는 단순히 연주를 위해서가 아닙니다. 매일의 연습 속에서 나 자신을 다듬고, 여전히 배움의 자리에 있다는 사실을 잊지 않기 위해서입니다. 그리고 언젠가 또 다른 아이가 제게 이렇게 말해 줄 날을 기다립니다.

"선생님, 제 인생에서 가장 운이 좋았던 일은… 그때 플루트를 배운 거였어요."

대부분의 가정에서 거실은 가족이 모여 TV를 시청하며 휴식하는 장소입니다. 하지만 그 공간의 용도를 전환하면 자녀의 일상, 나아가 삶의 방향성까지 달라질 수 있습니다. 제가 아는 한 선배님은 바로 그 실천을 통해 가족의 삶을 완전히 변모시킨 분입니다. 그는 평생 공무원으로 성실히 근무했지만, 어느 날 자신보다 훨씬 젊은 상사가 부임하며 인생을 되돌아보게 되었다고 합니다. 그때 문득 '내 아이들은 어떤 미래를 맞이해야 할까?'라는 고민이 마음속 깊이 남았고, 마침내 한 가지 다짐을 하게 되었습니다. "나는 내 자녀들만큼은 법조인으로 키우겠다." 그 결정은 단순한 의지가 아니라, 삶의 방식을 통째로 바꾸는 실천의 시작이었습니다. 가장 먼저 손댄 곳은 집의 중심부였던 거실입니다. TV를 치우고, 그 자리에 책상과 책장을 들였습니다. 거실은 더 이상 '휴식의 장소'가 아니라, 가족 모두가 배우고 성장하는 '학습의 중심지'가 되었습니다. 처음에는 아이들이 낯설어했고, TV가 사라진 집안을 어색해했습니다. 하지만 6개월이 지나자 놀라운 전환이 일어났습니다.

거실은 자연스럽게 가족의 배움터로 자리 잡았고, 독서와 공부가 일상의 한 부분이 되었습니다. 가족이 함께 책을 펼치고 조용히 몰입하는 모습이 그 집의 새로운 풍경이 되었습니다. 이 일화의 핵심은 '거실 장식'이아니라 가정의 핵심 가치가 변했다는 점입니다. 거실이 변하자 가족의 대화 주제가 달라지고, 하루의 흐름이 바뀌었으며, 마침내 자녀들의 삶의 행보가 달라졌습니다. 양육자가 환경을 통해 자녀에게 전하는 신호는, 언어보다 훨씬 강력합니다. "이 가정은 학습과 성장을 소중히 여긴다"는 가치관을 공간으로 증명한 셈입니다.

이 선배님의 가족은 거실의 역할을 재정의하는 단순한 결정으로 아이들의 미래를 바꾸었습니다. TV를 치우고 책상과 책장을 들인 그 작은 시도가, 자녀들의 집중력과 자기주도성을 키우는 계기가 되었던 것입니다. 부모가 함께 공부하는 분위기 속에서 아이들은 자연스럽게 배움의 즐거움을 느꼈고, 결국 두 형제는 나란히 서울대학교 법과대학에 진학하여 법조인의 길을 걷게 되었습니다. "공간이 바뀌면 삶이 바뀐다"는 말이 결코 과장이 아니었던 셈입니다. 이 모든 전환은 단 하나의 물음에서 시작되었습니다. "이 거실은 지금 우리 가족에게 어떤 의미인가?" 이 물음이 가족의 일상을 흔들었고, 부모의 결단이 그 해답이 되었습니다. 교육은 단순히 '무엇을 전달하는가'의 사안이 아니라 '어떤 분위기 속에서 체득하는가'의 사안입니다. 아무리 훌륭한 지식이라도, 그것이 뿌리내릴 수 있는 터전과 분위기가 없다면 배움은 오래 지속되기 어렵습니다.

거실은 집의 심장이자 가족의 문화가 깃드는 공간입니다. 그곳에 TV가 있으면 오락이 주가 되고, 책상이 놓이면 자연스레 학업과 소통이 주가 됩니다. 결국 거실은 무언으로 증명합니다. "이 가족은 무엇을 가치 있게 여기며 살아가는가." 하지만 거실의 변모를 단순히 실내 장식의 문제로 여겨서는 안 됩니다. 그것은 부모의 다짐이자, 삶의 지향점을 선언하는 상징적 행위입니다. 양육자가 먼저 바뀌고, 그 변화가 공간에 스며들면, 아이는 언어보다 훨씬 깊은 메시지를 받아들입니다. 부모의 행동 자체가 곧 가르침이 되는 것이지요. 공간이 변하면 분위기가 따르고, 분위기가 바뀌면 습관이 형성되며, 습관이 자리 잡으면 인생이 달라집니다. 변화는 결코 거창한 구호에서 비롯되지 않습니다. "TV를 끄는 일", "책을 한 권 더 놓는 일", "아이 곁에서 함께 앉아 주는 일" 같은 사소한 실천에서부터 출발합니다. 자녀의 변화를 원한다면, 양육자가 먼저 달라져야 합니다. 부모의 의지는 자녀에게 언어 이상의 메시지가 되며, 그 의지가 지속될 때 그것이 곧 가족의 문화로 정착됩니다.

TV를 끄는 결단, 거실 한쪽에 책상 하나를 두는 실행, 아이 옆에서 조용히 책을 펼치는 부모의 모습. 이 모든 것은 사소해 보이지만, 자녀의 삶을 바꾸는 시발점이 될 수 있습니다. 작은 행동들이 꾸준히 이어질 때, 아이는 그 모습을 통해 세상을 바라보는 태도와 삶의 기준을 배우게 됩니다. 부모가 방향을 명확히 세우고 흔들림 없이 나아갈 때, 아이는 그 발걸음을 자연스럽게 따라 배우며 자신의 길을 만들어 갑니다. 양육자는 때로 조바심이 납니다. "이 선택이 옳은 걸까?", "아이는 잘 따라올까?", "언제 성과가 나타날까?" 하지만 염려하지 않아도 됩니다. 아이는 부모의 언어가 아니라 삶의 태도를 통해 배웁니다. 당장은 가시적인 성과가 없더라도, 양육자의 꾸준한 실천은 자녀 마음속에서 서서히 긍정적인 씨앗으로 자라납니다. 기적은 요란하게 오지 않습니다. 아주 작고 평온한 순간 속에서 시작됩니다. 아이의 표정이 온화해지고, 생활 태도가 조금씩 바뀌는 그때, 비로소 가족의 가치관이 바로 서고, 자녀의 인생도 달라집니다.

 공부보다 먼저, 부모가 가르쳐야 할 것

결국 모든 전환은 부모의 결단에서 비롯됩니다. 그리고 그 결단이 진정성을 담고 있다면, 언젠가는 반드시 현실이 되어 나타납니다.

"계획을 세운다는 건 이미 절반의 성공이다." 이 말은 단순한 격언이 아니라 삶을 움직이는 중요한 원리입니다. 아무리 큰 꿈이 있어도 구체적인 계획이 없다면 쉽게 흩어지고, 아이들에게는 특히 더 큰 의미를 가집니다. 꿈은 감정이 아니라 설계와 실천을 통해 현실이 되는 것이기 때문입니다. 저 역시 어릴 적 외교관을 꿈꿨습니다. 한국을 세계에 알리고 싶다는 열정으로 영어를 공부하고, 문화 체험과 해외 연수까지 스스로 기회를 만들어 갔습니다. 하지만 결국 그 꿈은 이루어지지 않았습니다. 열정은 있었지만, 구체적인 계획이 없었기 때문입니다. 시험 일정, 준비 과정, 필요한 역량에 대한 로드맵 없이 그저 막연한 방향만 바라보다 길을 잃었던 것이죠.

그 경험을 통해 저는 깨달았습니다. 계획이 없는 꿈은 방향을 잃은 배와 같다는 것을요. 그래서 아이들에게 늘 이렇게 말합니다. "꿈을 꾸는 건 누구나 할 수 있지만, 그 꿈을 현실로 만드는 건 '계획을 세우는 사람'이란다." 아이들이 이 말을 가볍게 들을 수도 있지만, 결국은 실천을 위한 구체적인 준비가 진짜 성장의 시작임을 깨닫게 됩니다. 꿈은 시작일 뿐이고, 그 꿈을 현실로 이끄는 다리 역할을 하는 것이 바로 '계획'입니다. 나침반 없이 바다에 나선 배가 결국 표류하듯, 계획 없는 꿈은 방향을 잃고 사라집니다. 저 역시 젊은 시절 그 사실을 몸으로 깨달았습니다. 열정은 있었지만 구체적인 계획이 없었기에, 인생의 한 장면들이 더 단단히 쓰이지 못한 아쉬움이 늘 남아 있었습니다.

그 깨달음은 자연스럽게 자녀 교육 방식으로 이어졌습니다. 저는 마음속으로 다짐했습니다. "적어도 내 아이들만큼은 같은 시행착오를 겪지 않게 하자." 그래서 아이들이 초등학교 고학년이 될 무렵부터 의식적으로 '계획을 세우는 습관'을 길러 주는 일에 집중했습니다. 단순히 계획표를 쓰게 하는 것이 아니라, 스스로 목표를 세우고, 그 계획이 실제로 작동하는 과정을 경험하게 하는 것이 핵심이었습니다. 이 과정을 통해 아이들은 자신만의 학습 리듬을 찾고, 스스로 삶의 방향을 설계하는 힘을 키워 갔습니다.

처음에는 아이와 함께 앉아 계획 세우는 법을 하나씩 익혀 갔습니다. 시험이 한 달 남았을 때면, 각 과목의 시험 범위를 정리하고 우선순위를 정하는 법부터 시작했습니다. 자신 있는 과목보다 약한 과목을 중심으로 공부 계획을 세우게 하고, 모르는 문제는 주저하지 말고 질문하도록 지도했습니다. 특히 국어·영어·수학처럼 점수 변동이 큰 과목은 집중적으로 시간을 배분하며, 과목별 학습 시간을 스스로 조정하는 훈련도 반복했습니다. 이 과정에서 '메타인지' 개념을 자연스럽게 적용했습니다. 아는 것과 모르는 것을 구분하고, '아는 줄 알았던 문제'를 집중적으로 복습하게 했습니다. 이 방식은 단순 암기보다 훨씬 강력한 학습 효과를 냈고, 실질적인 성적 향상으로 이어졌습니다. 또한 공부뿐 아니라 음악·독서·휴식 시간까지 계획표에 포함시켜 균형 잡힌 일정을 스스로 관리하도록 했습니다. 핵심은 '무엇을 하느냐'가 아니라 '어떻게 시간을 다루느냐'였습니다.

그 결과 아이들은 스스로 생각하고 조율하는 힘을 키워 갔습니다.

시험 기간 중 주말은 성적을 결정짓는 가장 중요한 시간입니다. 많은 아이들이 "잠깐 쉬자"는 말로 흐름을 놓치지만, 저는 오히려 토요일과 일요일이 학습의 전환점이라고 강조했습니다. 아침 9시부터 밤 12시까지 계획적으로 공부하면, 식사와 휴식을 제외하더라도 한 달 동안 약 80시간의 집중 학습 시간을 확보할 수 있습니다. 이 시간의 밀도가 결국 성적의 차이를 만들고, 자신감의 격차로 이어집니다. 이 원칙은 제가 운영하던 어학원에서도 실천했습니다. 중학생 상위권 학생들을 대상으로 '주말 학습 계획표'를 만들어 학생과 부모가 함께 서명하고 실천하게 했습니다. 그 결과 단기간에 평균 성적이 눈에 띄게 오르고, 인근 학교에서 전교 1등 학생이 배출되는 성과도 있었습니다. 무엇보다 아이들이 스스로 계획을 세우고 성취를 경험하며 "공부는 계획에서 시작된다"는 확신을 체득했습니다.

결국 교육의 본질은 계획성 있는 삶을 가르치는 일입니다. 단순히 시험을 잘 치르게 하는 것이 아니라, 아이 스스로 미래를 설계하고 시간을 주도적으로 다루는 힘을 기르게 하는 것입니다. 계획은 실패를 줄이고, 가능성을 현실로 바꾸는 삶의 지침서입니다. 우리 아이들이 꿈을 현실로 만들기 위해 가장 먼저 배워야 할 것. 바로 '계획하는 습관'입니다.

 공부보다 먼저, 부모가 가르쳐야 할 것

"자녀의 미래는 부모의 학력과 재력으로 결정된다." 이 말은 오랫동안 한국 사회의 불문율처럼 여겨져 왔습니다. 좋은 학벌, 안정된 경제력, 풍부한 문화 자본이 아이의 성공을 보장한다고 믿었지요. 하지만 이제는 그 기준이 한 세대 더 확장되었습니다. 요즘은 "아이의 성적은 조부모의 경제력까지 좌우된다"는 말이 나올 정도로, 한 아이의 교육을 위해 세대 전체가 움직이는 시대가 되었습니다. 그만큼 우리는 교육을 생존의 수단으로 여기며, 끝없는 경쟁 속에서 불안을 안고 살아가고 있습니다.

부모들은 아이의 시험 한 번에도 조마조마합니다. "혹시 실패하면 인생이 달라질까 봐"라는 걱정이 사랑을 넘어 두려움의 에너지로 변하기도 합니다. 그러나 이 구조를 조금만 멀리서 보면, 지금의 교육 경쟁이 얼마나 과열되고 왜곡되어 있는지를 알 수 있습니다. 우리 사회가 교육에 집착하게 된 데에는 분명한 역사적 이유가 있습니다. 자원이 부족했던 시절, "배워야 산다"는 말은 단순한 구호가 아니라 실제로 생존의 철학이었습니다. 그 정신은 지금까지 이어져, 이제는 불안이 세대를 거쳐 전해지는 교육 문화로 자리 잡게 된 것입니다.

이제는 진지하게 물어야 할 때입니다. 과연 한 아이의 미래를 위해 가족 전체가 희생해야만 하는 걸까? 교육은 희망의 사다리가 되어야 하지만, 그 사다리를 오르기 위해 가정이 무너진다면 우리는 방향부터 다시 점검

해야 합니다. 아이의 미래를 위한 진짜 교육은 돈이나 스펙이 아니라, 믿음에서 시작됩니다. 부모가 불안을 내려놓고, 아이가 자기 속도로 성장할 수 있도록 기다려 주는 것, 그것이 진정한 교육의 출발점입니다.

오늘날 대부분의 교육 현장에는 어머니의 손길이 있습니다. 학교 상담, 학원 등록, 생활 지도까지 어머니가 주도합니다. 반면 아버지는 여전히 '생계 책임자'라는 사회적 틀 속에서 아이의 교육에서는 주변부에 머무는 경우가 많습니다. 하지만 시대는 달라졌습니다. 아이에게 가장 큰 영향을 주는 것은 돈이 아니라 '함께하는 시간'입니다. 퇴근 후 대화 한마디, 주말의 짧은 산책, 함께한 저녁 식사. 이 모든 순간이 아이의 마음에 깊이 새겨집니다. 가정은 한 사람의 노력으로 완성되지 않습니다. 어머니가 정서와 공감의 힘을 키운다면, 아버지는 도전과 책임의 힘을 길러줍니다. 이 두 방향의 교육이 만날 때, 아이는 균형 잡힌 시선으로 세상을 바라보는 온전한 사람으로 자라납니다.

어머니는 따뜻한 감성으로 아이의 마음을 보듬고, 아버지는 결단력과 용기로 아이가 세상과 당당히 설 수 있도록 돕습니다. 이 두 역할은 어느 한쪽만으로는 완성되지 않습니다. 감성과 용기, 배려와 결단이 조화를 이룰 때 아이의 내면과 외면이 함께 성장합니다. 그래서 저는 늘 말합니다. "자녀 교육의 시작은 아빠 교육입니다." 아버지가 변하면 가정의 공기가 달라지고, 아이의 눈빛이 살아납니다. 이는 단순한 말이 아니라, 실제로 수많은 가정에서 확인된 사실입니다.

　　　　　　　　　공부보다 먼저, 부모가 가르쳐야 할 것

기억에 남는 한 학생이 있습니다. 제가 가르쳤던 수연이는 늘 성실하고 총명한 아이였습니다. 모든 과목에서 상위권을 유지했지만, 한 가지 어려움이 있었습니다. 체육 수행평가였습니다. 책상 앞에서는 누구보다 강했지만, 운동장에서는 자신감이 부족했죠. 그녀의 이야기는 아이의 성장에 있어서 공부만큼이나 몸과 마음의 균형이 중요하다는 사실을 일깨워 주었습니다. 어느 날 수연이 어머니와 상담을 하던 중, 저는 이 아이의 상황을 바꾸려면 '아버지의 참여'가 필요하다는 생각이 들었습니다. 그래서 조심스럽게 부탁드렸습니다. "수연이 아버지를 한번 뵙고 싶습니다." 며칠 뒤, 다소 무뚝뚝한 인상의 중년 남성이 제 사무실을 찾았습니다. 그는 처음엔 어색하게 "제가 뭘 하면 될까요?"라고 물었지만, 대화를 나누며 서서히 마음을 열었습니다. 놀랍게도 그는 딸이 어떤 과목을 좋아하는지, 무엇을 힘들어하는지 정확히 알지 못하고 있었습니다. 그러나 진심은 있었습니다. 그는 제 이야기를 끝까지 경청했고, 딸을 위해 무엇을 할 수 있을지 곧바로 고민하기 시작했습니다.

그래서 저는 제안했습니다. "이번 체육 수행평가는 배드민턴입니다. 아버님이 직접 퇴근 후 함께 연습해 보시는 건 어떨까요?" 예상 외로 그는 주저하지 않았습니다. 그리고 그날부터 퇴근 후 매일 딸과 함께 연습을 시작했습니다. 비가 오든 피곤하든, 아버지와 딸은 동네 체육관에서 셔틀콕을 주고받았습니다. 그렇게 몇 주가 지나자, 수연이는 체육 수행평가에서 처음으로 만점을 받았습니다. 그리고 마침내 전교 1등이라는 결과를 얻었습니다.

하지만 제게 가장 깊이 남은 것은 그녀의 표정이었습니다. 수업이 끝난 뒤 수연이는 제게 다가와 이렇게 말했습니다. "선생님, 아빠가 저랑 그렇게 오랫동안 시간을 보낸 건 처음이었어요. 그래서 너무 행복했어요." 그 한마디가 모든 걸 설명해 주었습니다. 아이에게 필요한 건 완벽한 성적이 아니라, 함께하는 시간 속에서 느끼는 사랑과 믿음이었습니다. 수연이의 그 웃음 속에는 단순한 성취의 기쁨을 넘어, "나는 사랑받고 있다"는 확신에서 비롯된 자긍심과 안정감이 담겨 있었습니다. 그 순간을 바라보며 저는 깨달았습니다. 아버지는 단지 생계를 책임지는 존재가 아니라, 아이의 인생 방향을 밝혀 주는 결정자이자 주연이 되어야 한다는 사실을요.

가정이라는 무대에서 아버지는 조용히 뒤에 서 있는 조연이 아니라, 아이의 시선과 마음속 중심에 자리한 주연 배우입니다. 아버지의 한마디, 한 행동이 아이에게는 자신감을 주고 세상을 바라보는 기준이 됩니다. 아이들은 생각보다 훨씬 더 아버지의 존재를 의식하고, 그의 말을 기억합니다. 그 손이 곁에 있다는 사실만으로도 아이의 자존감은 높아지고, 도전할 용기가 자라납니다. 교육은 지식이 아니라 관계를 통해 완성되는 일입니다. 아버지가 한 걸음 다가서는 순간, 아이의 세상은 한층 넓어지고 깊어집니다. 오늘도 수많은 아이들이 아버지의 손을 기다립니다. 그 손이 내밀어지는 순간, 아이들은 세상에서 가장 중요한 감정을 배우게 됩니다. "나는 누군가에게 진심으로 지지받고 있다." 그 깨달음이야말로 교육이 만들어 낼 수 있는 가장 아름다운 기적입니다.

 공부보다 먼저, 부모가 가르쳐야 할 것

공부보다 먼저,
부모가 가르쳐야 할 것

초판 1쇄 발행 2026년 2월 3일
  2쇄 발행 2026년 3월 5일

지은이   이상덕
펴낸이   이기봉
편집   좋은땅 편집팀
펴낸곳   도서출판 좋은땅
주소   서울특별시 마포구 양화로12길 26 지월드빌딩 (서교동 395-7)
전화   02)374-8616~7
팩스   02)374-8614
이메일   gworldbook@naver.com
홈페이지 www.g-world.co.kr

ISBN   979-11-388-5373-6 (03590)